JN068488

はじめに

谷津綱一

　本書の書名にある**ビギナーズ**という言葉には，これから難関高校入試へ立ち向かう中学生のための入門書という意味が込められています．

　本書は，難関高校で出題される重厚感ある問題に対して，「どのようにアプローチすればよいかを身に付ける」ことを目的としています．

　入門書ですので，初めから難しい公式や知識を前提とするわけではありません．一つひとつの項目のスタートは中学校の教科書に記載されている内容であり，その知識を足掛かりにどのように入試問題攻略につなげればよいかという一連の流れが書かれています．

　さて改訂版を上梓するにあたり，前作との違いをまとめます．

・予備知識（巻頭）として，本書を解くにあたって必要な基盤となる重要性質をまとめました．この中には中学校で習わないものも含まれるので，成り立つ理由も載せています．

・入試の重要項目の1つである「数と式」の分野を追加しました．このことから，この1冊でさらに広い範囲を習得できるようになったはずです．

・近年の入試傾向に合わせて，掲載するテーマの一部を入れ替えました．特に最近の入試問題は，難関国私立高校と公立高校の親和性が高いことから，どちらにも対応できる項目をいくつか追加しました．

　本書を学ぶことで，
　　　‘解き方を知らない’
　　　‘出題を見たことがない’
　　　‘これまでやったことがない’
という不安要素が，少しでも取り除かれることを願っています．

2021年12月

 # 本書の使い方

■本書の構成

本書は,「数と式」「関数」「平面図形（直線図形・円)」「立体図形」という高校入試の重要分野から構成されています. さらにテーマごとに細かく分類し, 1つのテーマにつき見開き2ページで紹介します.

また導入として, 巻頭には「予備知識」をまとめてあります.

■本書の目的

本書で学ぶのは, "問題へのアプローチの仕方" です. 言い方を替えれば, "どこに着眼し, どのような流れで問題を解いていくか" を習得することにあります.

「解けたからもう終わり」とするのではなく, 解説をじっくり読み確認することで, 理解もより一層深まり, さらに解法の幅が広がっていくでしょう.

■本書への取り組み方

本書で最も大事なのは, 学習するテーマを決めてから取り組むことです. ただ漠然と本書を開くのではなく,「今日はここを強くしたい」という明確な意志のもと学習しましょう.

例えば試験でできなかったテーマがあれば, 本書の対応する類題を繰り返すことで次の試験に備えたり, あるいは授業で理解できなかったテーマを本書で復習して定着させるといった,「いま自分がすべきこと」を十分に整理した上で, 効率よく消化してください.

もちろん冒頭から順序よく解く必要はありません.

■本書の進め方

さて学習テーマが決まれば, さっそくノートを準備します. それは本書専用にしましょう.

いきなり問題を解いても構いませんが, 数学が得意でない人は, 手始めに問題と解説を一気に読み切るのも良いでしょう. やり方が頭に入ったならば, 時間を空け, 仕切り直して再度チャレンジするのも方法です.

その際, 解法の図は必ず自分なりにノートに描いてください. 図を描くことは, 解法を理解することの近道です.

こうすることで, 自ずと頭の中に染み込み定着します.

本書の各テーマを積み上げれば, 必ずや数学の得点が飛躍的に向上すること間違いありません.

目　次

はじめに …………………………………………1

本書の使い方 …………………………………2

[予備知識] ………………………………………4
[プロローグ]
① 放物線と直線の交点が織りなす'線分比'の美しさ …22
② '補助線'と'面積比'，あなたはどっち？ …46
③ 立体の表面の一筋は，三平方を駆使しよう …88
④ 空間内の線分には，'面積'や'線分比'を有効に使おう …90

[本編]
　<数と式>
01 思考を働かせる計算問題 …………………8
02 次数を下げて求値計算 …………………10
03 有理数と無理数の関係を操れ …………12
04 ルートの大きさを比べるには …………14
05 筆算の繰り下がりに注意し，丹念に調べよう …16
06 "桁ズラシ"に慣れよう …………………18
07 アイテムは素因数分解"約数の個数" …20
　<関数とグラフ>
08 連立方程式の解の存在は一次関数から …24
09 等積変形の基本を自分のものにしよう …26
10 座標平面上の'三角形の面積二等分'の基本中の基本 …28
11 2つの放物線を横切る直線は，線分の比を操る …30
12 ヴァリエーション豊かな'台形の面積二等分' …32
13 補助三角形を加え，等積変形へ持ち込もう …34
14 '放物線の奏でる相似'に気付けば瞬時に解決 …36
15 '等積変形'で面積自在に …………………38
16 放物線と平行四辺形の関わりを見る …40
17 座標平面上の'直角'を上手に活かそう …42
18 放物線と直線が繰り出す規則性 ………44
　<平面図形>
19 直角三角形の斜辺への中線の存在感 …48
20 色褪せない，頂角45°と垂線から生み出される合同 …50
21 正方形内に辻ができるとき …………52
22 '回転系合同'に注目しよう …………54
23 '回転系相似'を使いこなそう …………56

24 円に内接する四角形の'ツイン相似形'は語る …58
25 三角形の裏返しの相似に注意する …60
26 まだある，三角形の裏返しの相似 …62
27 円内の二等辺三角形には，重なる裏返しの相似が隠れている …64
28 接線が角の二等分線になるときの相似 …66
29 円に内接する二等辺三角形の'頂点から引いた直線の長さ' …68
30 弦となる，角の二等分線の長さ ………70
31 円内の3つの相似形を絡める …………72
32 三角形の'角の二等分線の長さ'はこう求める …74
33 円内の正三角形に宿る長さに注目 …76
34 弦への垂線から，円の半径を求める …78
35 直角二等辺三角形から，外接円の半径を知る …80
36 2円の中心を結ぶ相似を上手に使おう …82
37 "補角"を使うとやっぱりすごい，面積比の利用 …84
38 円周上で最も遠い点はどこ？ …………86
　<立体図形>
39 正多面体の切断面に着目し，空間内を射る線分の長さを求める …92
40 正四面体に登場するさまざまなシチュエーション …94
41 立方体の対角線と，垂直に交わる断面の変移 …96
42 立方体の断面を，対称面に注目すれば …98
43 直角三角形の相似を利用する，面への距離 …100
44 対称面を見つけ面積を介す，面への距離 …102
45 面への距離，困ったときは体積にすがろう …104
46 体積は'面と辺の垂直'を活かしきろう …106
47 立方体内にある立体の体積を，よりよく刻もう …108
48 立方体内にある四面体を等積変形から考える …110
49 正八面体から削る，四面体の体積 …112
50 面を貫く線分とその交点の位置 ………114
51 '屋根型の体積'には便利な公式も使おう …116
52 情報収集力がものをいう'球の切断面' …118

[コラム]
① よく使う整数三角形を頭の隅へ留めておこう …120
② 動点の軌跡が円になるのは？ …………122
③ 正多面体にできる角度を調べよう …124
④ 四，六，八はつながってる …………126

あとがき …………………………………………128

1 約数の個数

　　$300(=2^2\times3\times5^2)$ の約数の個数

　　右の表のように,

素因数2	素因数3	素因数5
0	0	0
		1
		2
	1	0
		1
		2
1	0	0
		1
		2
	1	0
		1
		2
2	0	0
		1
		2
	1	0
		1
		2

　　　素因数 2 … 0 個, 1 個, 2 個 → 3 種類
　　　素因数 3 … 0 個, 1 個　　　 → 2 種類
　　　素因数 5 … 0 個, 1 個, 2 個 → 3 種類
　　したがって, 各素因数の組み合わせは,
　　　$3\times2\times3=18$(個)

　　このことを利用して,
　　$n=p^aq^b\cdots r^c$ の約数の個数
　　　素因数 p … 0 個, 1 個, …, a 個 → $(a+1)$ 種類
　　　素因数 q … 0 個, 1 個, …, b 個 → $(b+1)$ 種類
　　　……………………………………………
　　　素因数 r … 0 個, 1 個, …, c 個 → $(c+1)$ 種類
　　したがって, 約数の個数は,
　　　$(a+1)\times(b+1)\times\cdots\times(c+1)$ (個)

2 2次方程式の解の公式

　　x についての 2 次方程式 $ax^2+bx+c=0$ $(a>0)$ の解は次のようになる.

　　$x^2+\dfrac{b}{a}x+\dfrac{c}{a}=0$ → $4x^2+\dfrac{4b}{a}x+\dfrac{4c}{a}=0$ → $\left(2x+\dfrac{b}{a}\right)^2-\dfrac{b^2}{a^2}+\dfrac{4c}{a}=0$

　　→ $\left(2x+\dfrac{b}{a}\right)^2=\dfrac{b^2-4ac}{a^2}$ → $2x+\dfrac{b}{a}=\pm\sqrt{\dfrac{b^2-4ac}{a^2}}=\pm\dfrac{\sqrt{b^2-4ac}}{a}$

　　→ $2x=-\dfrac{b}{a}\pm\dfrac{\sqrt{b^2-4ac}}{a}$ → $x=\dfrac{-b\pm\sqrt{b^2-4ac}}{2a}$

3 2次方程式の解と係数の関係

　　x についての 2 次方程式 $ax^2+bx+c=0$ $(a>0)$ の 2 つの解 p, q について,

　　まず, $x^2+\dfrac{b}{a}x+\dfrac{c}{a}=0$………⑦　へと変形する.

　　一方, 2 次方程式の解は p, q だから, ⑦は, $(x-p)(x-q)=0$

　　これより, $x^2-(p+q)x+pq=0$ だから, ⑦と比較して,

　　　$p+q=-\dfrac{b}{a}$, $pq=\dfrac{c}{a}$

④ 平行や垂直な直線の式

直線 l // 直線 m のとき,
下図の三角形を平行移動したと考えれば,

(直線 l の傾き)＝(直線 m の傾き)

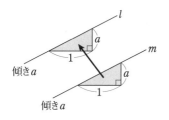

傾き a

傾き a

直線 $l \perp$ 直線 m のとき, 下図の三角形を
$90°$ 回転移動したと考えれば, 直線 m の傾き
は $-\dfrac{1}{a}$. よって,

(直線 l の傾き)×(直線 m の傾き)＝-1

$$a \times \left(-\frac{1}{a}\right) = -1$$

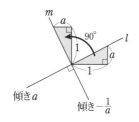

傾き a

傾き $-\dfrac{1}{a}$

⑤ 等積変形

△PAB＝△QAB とするためには,
AB // 直線 l となればよい.

＜理由＞ 点 P, Q それぞれから
直線 AB への距離を等しくする.

⑥ 角の二等分線定理

下図で, ∠BAD＝∠CAD
のとき, **AB：AC＝BD：DC**

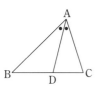

＜理由＞ 図で BA の延長線上
に, AD // EC となる点 E をとる.
平行線の同位角, 錯角から図
のように等しい角になり,

BD：DC＝AB：AE
　　　＝AB：AC

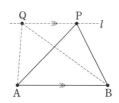

⑦ 三角形の重心

図で, 点 G を重心といい,
AG：GL＝2：1

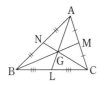

＜理由＞ 図のように
点 O をとれば,

AG：GL＝AO：LB
　　　＝2：1

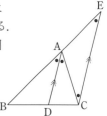
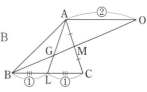

5

8 相似比と面積比

△ABC∽△DEF で,

相似比 $a:b$

⇒面積比 $a^2:b^2$

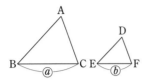

＜理由＞ 2つの三角形の高さの比も

$a:b$ だから, 面積比は,

$$a \times a \times \frac{1}{2} : b \times b \times \frac{1}{2} = a^2 : b^2$$

9 正三角形の面積

1辺 a の正三角形の面積は $\dfrac{\sqrt{3}}{4}a^2$

＜理由＞ 図で

$$a \times \frac{\sqrt{3}\,a}{2} \times \frac{1}{2}$$

$$= \frac{\sqrt{3}}{4}a^2$$

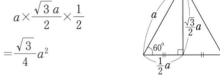

10 円の性質

① 円周角の定理

$\angle \mathbf{AP_1B}$
$= \angle \mathbf{AP_2B}$
$= \angle \mathbf{AP_3B}$

＜理由＞

$$\angle \mathrm{AP_1B} = \frac{1}{2}\angle \mathrm{AOB}$$

$$\angle \mathrm{AP_2B} = \frac{1}{2}\angle \mathrm{AOB}$$

$$\angle \mathrm{AP_3B} = \frac{1}{2}\angle \mathrm{AOB}$$

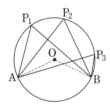

② 円に内接する四角形

$\angle \mathbf{BAD} + \angle \mathbf{BCD} = 180°$
$\angle \mathbf{BAD} = \angle \mathbf{DCE}$

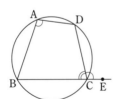

＜理由＞ 図で,

$$2a + 2b = 360°$$

より,

$$a + b = 180°$$

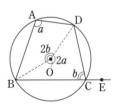

また,

$$\angle \mathrm{DCE} = 180° - \angle \mathrm{DCB}$$
$$= 180° - b = a$$

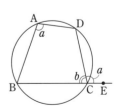

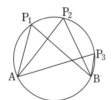

6

③　接線の性質

円の中心を O，接線 l と円との接点を P とするとき，

OP⊥直線 l

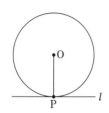

④　接弦定理

図のように，円と直線 l の接点を P とするとき，

∠BPC＝∠BAP

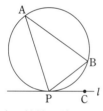

⑤　2本の接線の長さ

点 P で交わる 2 本の接線 l，m がそれぞれ円と点 A，B で接するとき，

PA＝PB

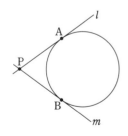

＜理由＞　円と直線 l の接点を P とする．そして O から直線 l へ下した垂線の足を Q とする．

ここで点 P と Q は別の点であると仮定する．

すると Q は円外の点だから，OP＜OQ となる．

ところが OQ⊥直線 l と仮定しているから，OP＞OQ となるはずである．

以上より矛盾が生じるから，点 P と Q は同じ点である．

＜理由＞　円の中心 O を通る PD を引く．

OP⊥直線 l だから，

○＋●＝90°

また △DPB の内角から，

∠BDP＝●＝∠BAP

＜理由＞　図で，

OA＝OB，OP 共通，

∠OAP＝∠OBP＝90°

だから，△OAP≡△OBP

これより，PA＝PB

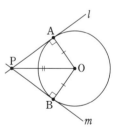

⑪　**相似比と体積比**

相似比 $a:b$

⇒体積比 $a^3:b^3$

＜理由＞

底面積の比は $a^2:b^2$，

高さの比は $a:b$ だから，

体積比は

$$a^2 \times a : b^2 \times b = a^3 : b^3$$

数学ワザ ビギナーズ 01

思考を働かせる計算問題

　毎年塾で教えていると，"数学が好き"という生徒ほど，計算問題に対しての意識が薄いように感じます（つまり，おろそかにしている，ということ）．その深層には「図形＝思考」「計算＝作業」という思い込みがあるのではないでしょうか．確かに授業中も，生徒はつまらなそうな顔をして計算していますから，こんなことでいいのか，と考えることもあります．

　前置きが長くなりましたが，今回は「計算＝思考」，つまり考えることに重点を置いた計算問題を紹介していきたいと思います．

　言っておきますが，これはスピードを競うためのものではありませんから，どうやったら煩雑な計算をせずに，楽にこなすことができるか，このことだけを思って，（力ではなく頭で）解いていきましょう．

　それでは第1問，一次方程式です．これは私が以前に塾の試験（中1）で出題したものです．

問題 1. 方程式
$$\frac{99^{10}}{1000^9}(x-1)=\frac{100^{10}}{999^9}(1-x)$$
を解け．

　問題を見てすぐに手を付けようとする人は，そこを我慢してしばらくじっと問題を眺めてください．
　そこで，方針が立たない人のために，ヒントをあげましょう．

《ヒント1》　指数部分をいじらないこと．
　99や999が出てくると，何となく計算したくもなりますが，この部分に手を付けてはいけません．慌てて計算しないように．
《ヒント2》　$x-1$，$1-x$ をまとめる．
　（　）があるから即はずす，とせずに，これに着目してうまくまとめれば（例えば左辺に移項して），分かりやすい式ができあがります．

　これでもう，みえてきましたね．後はどう解答まで持っていくかです．勘に頼って，答えだけを出しても意味がありません．最後まで，じっくりと考えてください．
　では，模範解答を示しましょう．

解法　右辺を，すべて左辺へ移項して，
$$\frac{99^{10}}{1000^9}(x-1)-\frac{100^{10}}{999^9}(1-x)=0$$
$$\frac{99^{10}}{1000^9}(x-1)+\frac{100^{10}}{999^9}(x-1)=0$$
ここで，$(x-1)$ でくくれば，
$$\left(\frac{99^{10}}{1000^9}+\frac{100^{10}}{999^9}\right)(x-1)=0$$
この両辺を──部（＞0）で割れば，
$$x-1=0 \quad \therefore \quad \boldsymbol{x=1}$$

　最後に──部を計算してしまっては，もともこもありません．どうやったら楽ができるのか，ここがポイントです．

　続いては連立方程式です．解き方には，代入法や加減法があります．
　ところで，後者の加減法は消去法といわれるように，主に文字を消すために用いられる手法ですが，ここでは"文字を活かす"ために活躍してもらいましょう．

問題 2. 連立方程式
$$\begin{cases} 13x+37y+\ 9z=182 & \cdots\cdots\cdots① \\ 23x+11y+15z=154 & \cdots\cdots\cdots② \\ 33x+21y+45z=354 & \cdots\cdots\cdots③ \end{cases}$$
において，z の値を求めよ．

---

z を残すのだから…，と慌てて x や y を消そうとすると，もうたいへん．式がグチャグチャになってしまいます(何せ，係数が互いに素なものばかりですから)．

どのような戦法をとるのか，数字とにらめっこして，パズル的感覚でやってみましょう．

《ヒント1》 上でも言ったように，文字を消去して解く，ということにとらわれない．うまくやれば，変形したり両辺に何かをかけなくても，すーっときれいな式が出来上がります．

《ヒント2》 定数項や係数が大きいときの定石の一つですが，式をそのままで足したり，引いたりすることによって(①②③を組み合わせて)，式が簡潔になります．

解法 ①＋②＋③を考えると，
$$69x + 69y + 69z = 690$$
となり，これを整理して，
$$x + y + z = 10 \quad\cdots\cdots\cdots\cdots④$$
さらに，③－②から，
$$10x + 10y + 30z = 200$$
となり，$x + y + 3z = 20 \quad\cdots\cdots\cdots\cdots⑤$
ここで，⑤－④より，$\boldsymbol{z = 5}$

いかがですか．いつのまにか答えが出てしまった，という感じでしょう．

(ただもちろん，①×5－③と②×3－③から，x，y を先に求めてもかまいません．ですが途中の数字はかなり大きくなりますよ．ちなみに，$x = 2$，$y = 3$ です．)

そして最後は，二次方程式です．

問題 3. 二次方程式
　　$x^2 - 2.94x - 0.18 = 0$ を解け．

まず，次を解いてみましょう．

練習 $x^2 - 110x + 2400 = 0 \quad(\cdots *1)$

これは勘の鋭い人ならば，すぐに 30 と 80 が思い浮かんで，$(x-30)(x-80)=0$ から，$x = 30$，80 と出せるはずです．

ならばそうでない人は，解の公式しかないのでしょうか．いえ，そんなことはありません．次に気付けば，簡単にできますよ．

そのためにまず，$x^2 - 11x + 24 = 0 \quad(\cdots *2)$ の解を考えると，$x = 3$，8 ですね．

*1 と *2 の 2 つの方程式，関連を何か感じましたか．そう *1 は *2 の解の 10 倍になっていますね．それでいて，x の係数は 10 倍，定数項は 10^2 倍です．

したがって，次のようにいえます．

(※)　二次方程式 *1 は，*2 を解いて，その解を 10 倍すればよい．

つまり，次の関係が成り立っているのです．

$$x^2 - 110x + 2400 = 0 \qquad\qquad x = 30,\ 80$$
$$\downarrow \div 10 \quad \downarrow \div 10^2 \quad \big\Downarrow\ \big\Uparrow \qquad \uparrow \times 10$$
$$x^2 - 11x\ +\ 24 = 0 \quad\blacktriangleright\quad x = 3,\ 8$$

これは特に，(割る数が)10 でなくともよくて，x^2 の係数が 1 のとき，x の項を a，定数項を a^2 で割って，その解を a 倍すればよいのです．

それでは問題 3 を解いてみましょう．

解法 練習とは反対に，今度は与えられた数字が小さいですから，x の係数や定数項を大きくして，解き易くして考えましょう．

そこで，x の項を $\dfrac{1}{100}$，定数項を $\left(\dfrac{1}{100}\right)^2$ で割った式を考えます．すると，
$$x'^2 - 294x' - 1800 = 0$$
となって，これを解くと，$x' = 300$，-6 です．

これより，x の値は x' に $\dfrac{1}{100}$ をかければよいですから，$\boldsymbol{x = 3}$，$\boldsymbol{-0.06}$ となります．

(もちろん普通に解くなら，最初に式全体を 100 倍してから始めます．)

いかがでしたか．計算も"ただがむしゃらに解けばよい"のではないことを，わかっていただけたのではないでしょうか．

数学ワザ　ビギナーズ 02

次数を下げて 求値計算

今回は次の問題にチャレンジしてみます。
2021 年の西大和学園（福岡・岡山会場）です。

> **問題 1.** $x=\sqrt{3}+1$ のとき，
> x^4-2x^2+1 の値を求めよ。

「え？ 4 乗？」とちょっと手ごわそうですね。
実はこの問題，4 乗はおろか 2 乗の値すら出さなくても，解決できるネタを持っています。
いきなりだと難しいですから，次の問題から順序立てて積み上げていきます。

> **問題 2.** $x=3-\sqrt{5}$ のとき，
> x^2-6x+6 の値を求めよ。

これは 2020 年の近畿大付東広島の出題です。
そこには定石があって，以下のように解くのが一般的です。まずはそれを追ってください。

解法　無理数の部分が右辺だけに寄るように，与式を $x-3=-\sqrt{5}$ と変形し，この両辺を 2 乗します（手順①）。つまり，
$$(x-3)^2=(-\sqrt{5})^2,\quad x^2-6x+9=5$$
ここで左辺を x^2 だけ残す（手順②）。
$$x^2=6x-4 \quad\cdots\cdots\cdots\cdots\cdots\cdots Ⓐ$$
求める式の x^2 にⒶ式の右辺を代入する（手順③）と，$x^2-6x+6=(6x-4)-6x+6=\mathbf{2}$

いかがでしたか。流れ手順①→②→③がとても大切です。ここではうまい具合に 2 次の項が消えましたね。この方法は，"次数降下法" あるいは "次数下げ" などと呼ばれ，複雑な計算を回避させる有効な手段です。

➡**注**　この問ではうまく x の項も消えましたが，いつもそうなるわけではありません。

もう 1 題練習して慣れましょう。2020 年の開智・2 回目です。

> **問題 3.** $x=\dfrac{3-\sqrt{7}}{2}$ のとき，
> $8x^2-24x-5$ の値を求めよ。

ここでは手順を丁寧に確認しながらやってみてください。

解法　手順①…与式を $2x=3-\sqrt{7}$，
$2x-3=-\sqrt{7}$ と変形し，この両辺を 2 乗。
$$(2x-3)^2=(\sqrt{7})^2,\quad 4x^2-12x+9=7$$
手順②…左辺を $4x^2$ だけ残して，
$$4x^2=12x-2 \quad\cdots\cdots\cdots\cdots\cdots\cdots Ⓑ$$
手順③…求める式にⒷ式を代入し，
$$8x^2-24x-5$$
$$=2\times 4x^2-24x-5=2(12x-2)-24x-5$$
$$=24x-4-24x-5=\mathbf{-9}$$

さて，だんだん見通しが立ってきたところで，先ほどの **問題 1** の解説です。

解法　$x^2=X$ とすれば，求める式は
$$X^2-2X+1=(X-1)^2=(x^2-1)^2 \quad\cdots ㋐$$
となります。
手順①…与式を $x-1=\sqrt{3}$ と変形し，この両辺を 2 乗。$(x-1)^2=(\sqrt{3})^2,\ x^2-2x+1=3$，
手順②…左辺を x^2 だけ残し，$x^2=2x+2\cdots ㋒$
手順③…㋐の x^2 に㋒式を代入して，
$$㋐=(2x+2-1)^2=(2x+1)^2$$
$$=4x^2+4x+1 \cdots\cdots\cdots\cdots ㋑$$
ここで再び手順③を繰り返して，
$$㋑=4(2x+2)+4x+1=12x+9 \quad\cdots\cdots ㋒$$
これ以上は次数が下がらないので，元の
$x=\sqrt{3}+1$ を代入し，
$$㋒=12(\sqrt{3}+1)+9=\mathbf{12\sqrt{3}+21}$$

このように，4 次式をいったん 2 次式へと次数を下げ，そこからさらに次数を落とすという，2 段階で下げていく方法でしたね。

あるいは次のように，4 次から一気に落とすことも可能です。

別解 4乗を生み出すために，ⓒ式の両辺をさらに2乗し，

$$(x^2)^2=(2x+2)^2, \quad x^4=4x^2+8x+4$$

$$\begin{aligned}求める式&=(4x^2+8x+4)-2x^2+1\\&=2x^2+8x+5\\&=2(2x+2)+8x+5\\&=4x+4+8x+5\\&=12x+9 \quad(\text{以下略})\end{aligned}$$

他にも様々なタイプがあり，次は 2020 年の慶應義塾です．見た目に圧倒されますが，ひと工夫すれば，先ほどと同じように考えることができます．

問題 4. $3x^2-15x+7=0$ のとき，$3x^4-15x^3+35x-16$ の値は $\boxed{}$ である．

x の二次方程式を解かないことがポイントです．

また与式を $3x^2=15x-7$ と変形しこの両辺を2乗すると，3次の項をうまく作ることができません．そこで次のようにします．

解法 ここでは手順①に代わり，与式の両辺に x^2 をまず掛けます．

$$3x^4-15x^3+7x^2=0$$

手順②に沿って，

$$3x^4=15x^3-7x^2 \quad\cdots\cdots\cdots\cdots\text{ⓓ}$$

とし，手順③にあるようにⓓ式の右辺を，求める式の4次の項に代入します．

$$\begin{aligned}&3x^4-15x^3+35x-16\\&=(15x^3-7x^2)-15x^3+35x-16\\&=-7x^2+35x-16 \quad\cdots\cdots\cdots\cdots\text{ⓔ}\end{aligned}$$

となって，2次式へ下げることができました．

ここで与式を $3x^2=15x-7$, $x^2=5x-\dfrac{7}{3}$ と変形すれば，

$$\begin{aligned}\text{ⓔ}&=-7\left(5x-\frac{7}{3}\right)+35x-16\\&=-35x+\frac{49}{3}+35x-16=\frac{1}{3}\end{aligned}$$

このように3次の項もうまく処理することができました．

最後は 2021 年の徳島文理です．

問題 5. $x=\sqrt{6}+\sqrt{3}$ のとき，$x^2-2\sqrt{6}\,x-1$ の値を求めよ．

手順①での変形に頭を悩ますことでしょう．ちょっと試してみます．

ⓐ $x-\sqrt{3}=\sqrt{6}$ として，両辺を2乗すると，
$$(x-\sqrt{3})^2=(\sqrt{6})^2, \quad x^2-2\sqrt{3}\,x+3=6,$$
$$x^2=2\sqrt{3}\,x+3$$

ⓑ $x-\sqrt{6}=\sqrt{3}$ として，両辺を2乗すると，
$$(x-\sqrt{6})^2=(\sqrt{3})^2, \quad x^2-2\sqrt{6}\,x+6=3$$
$$x^2=2\sqrt{6}\,x-3$$

となります．

ⓐ，ⓑのどちらを使いますか？

解法 ここではⓐとするより，ⓑを用いた方が $\sqrt{6}$ の処理がうまくできそうです．

手順②…左辺を x^2 だけ残し，$x^2=2\sqrt{6}\,x-3$
$$\cdots\cdots\cdots\text{ⓔ}$$

手順③…求める式の x^2 にⓔ式を代入して，
$$x^2-2\sqrt{6}\,x-1=(2\sqrt{6}\,x-3)-2\sqrt{6}\,x-1=-4$$

➡**注** もしⓐとすると，$(2\sqrt{3}\,x+3)-2\sqrt{6}\,x-1$ となるから，係数が無理数の x の項が残り，さらに複雑になってしまいます．

以上いかがでしたか．手順①のおさらいをすると，

'2乗して消したい無理数を右辺へ置く'

ということでした．

それが **問題** 5 では $\sqrt{3}$ だったのです．

©桜井 ゆき

11

数学ワザ ビギナーズ 03

有理数と無理数 の関係を操れ

今回は，数について考えてみましょう．まずは，2000年の日本女子大附の問題です．

問題 1. 2次方程式
$$x^2-2(a+1)x+a^2-2=0$$
が整数の解をもつような自然数 a のうち，最も小さいものを求めよ．

いろいろと考える前に，とりあえず平方完成や解の公式を使ってみると…．

解法 解の公式より，$x=(a+1)\pm\sqrt{2a+3}$

これを，$x-(a+1)=\pm\sqrt{2a+3}$ ……*1
と変形します．

題意から x は整数，a は自然数だから，*1式の左辺は整数になります．すると右辺の $\sqrt{2a+3}$ も整数にならなければいけないから，a に自然数を小さい方から代入します．すると，これを満たす最小の自然数 a は **3** であるとわかります．

➡**注** $a=3$ のとき，与えられた方程式は $x^2-8x+7=0$ だから，$x=7$，1 になります．$a=1$ では $x^2-4x-1=0$，$a=2$ では $x^2-6x+2=0$ ですから題意を満たしません．

…とまあ，誰しもこのように解くはずです．ところで，この解法の背景には，普段皆さんが当たり前のように使っている，"ある事実"が潜んでいるのですよ．そして，これを明るみにすることが，今回のテーマです．

$\dfrac{n}{m}$ の形（m，n は整数，$m\neq 0$）で表せる数を**有理数**，そうでない数，例えば，$\sqrt{2}$ や $\sqrt{3}+1$，π などを**無理数**といいましたね（$\sqrt{4}$ や $\sqrt{0}$ はそれぞれ 2，0 となるので有理数です）．

そしてこの2数は対等でないことは，次の例からも明らかです．

性質 ① 有理数＋有理数＝有理数
② 有理数＋無理数＝無理数
③ 無理数＋無理数＝無理数または0

➡**注** ③の例として，$3\sqrt{2}+2\sqrt{2}=5\sqrt{2}$ や $3\sqrt{2}-3\sqrt{2}=0$

そう，先ほどの解法は，実はこの①〜③を暗黙のうちに知識として使っていたのです．

つまり*1式ならば，左辺が有理数の和の形だから①に該当するはずで，これを成り立たせるためには右辺も整数にすればよかったのです．

ここが今回のタネあかしです．

さらにやってみましょう．2021年の早大学院（一部略）です．

問題 2. a を0以上の整数とする．このとき，x についての2次方程式 $x^2-ax+10=0$ が異なる2つの解をもち，それがともに有理数であるとき，a の値をすべて求めよ．

まず解の公式で x を導きます．

解法 解の公式より，$x=\dfrac{a\pm\sqrt{a^2-40}}{2}$

これを，次のように変形します．
$$2x-a=\pm\sqrt{a^2-40} \quad\cdots\cdots\cdots\cdots*2$$

こうすると題意から x は有理数，a は整数だから，①より*2式の左辺は有理数になります．

すると右辺の $\sqrt{a^2-40}$ も有理数にならなければいけなくて，この有理数を k とおきます．
$$\sqrt{a^2-40}=k \quad\cdots\cdots\cdots\cdots\cdots\cdots*3$$

この k はさらに条件を絞り込めます．まず，（*3の左辺）≧0 であること．それに a^2 は整数だから a^2-40 も整数です．つまり k は0以上の整数とわかります．

*3の両辺を平方して，
$$a^2-40=k^2, \quad a^2-k^2=40$$
$$(a+k)(a-k)=40$$
ここで，$(a+k,\ a-k)$
$$=(40,\ 1),\ (20,\ 2),\ (10,\ 4),\ (8,\ 5)$$

と導けて，題意（a も k も 0 以上の整数）を満たす a, k は，波線をつけた 2 つです.

$$(a, k) = (11, 9), (7, 3) \quad \therefore \quad \boldsymbol{a = 7, 11}$$

➡注　$a=7$ のとき $x=2$, 5, $a=11$ のとき $x=1$, 10 となります.

まとめると，$a \neq 0$ として，有理数係数の x の 2 次方程式 $ax^2 + bx + c = 0$ の解

$x = \dfrac{-b \pm \sqrt{b^2 - 4ac}}{2a}$ が有理数になるには，

「$\sqrt{b^2 - 4ac}$ の部分が有理数になればよい」ことがわかりました.

ちなみにここが 0 になると，解は 1 つ（重解）になります．逆に‘異なる 2 つの解をもつ’とは，この部分が残ることです.

さらに，性質①〜③をうまく使った，とってもおもしろい等式を紹介します．1988 年の栄東の問題です.

> 問題 3. a, b の値を 0 でない有理数とする.
> $$(3-\sqrt{2})ax^2 - (3\sqrt{2}-1)x - 15 + b = 0$$
> の解の 1 つが $x=1$ であるとき，a, b の値を求めよ.

ひとまずは $x=1$ を，与えられた式に代入することから始まります.

解法　$x=1$ を代入すると，
$$(3-\sqrt{2})a - (3\sqrt{2}-1) - 15 + b = 0$$

ところでこれは不定方程式ですから，このまにらめっこをしていても，何も起こりません．そこで，先ほどの性質①〜③を利用するために，有理数部分と無理数部分を分けて考えてみます.

$$3a - \sqrt{2}a - 3\sqrt{2} + 1 - 15 + b = 0$$
$$\therefore \quad 3a + b - 14 = \sqrt{2}(a+3)$$

すると左辺は，有理数の和の形で表されているので①に分類できるはずです．‘あれれ，右辺は無理数 $\sqrt{2}$ を含んでいるのに，有理数にするなんて…’と慌ててはいけません.

「右辺を 0 にします.」

こうなれば左辺も右辺も有理数ですね．そうな

ると $a+3=0$ だから，$\boldsymbol{a=-3}$ がわかります．続ければ，$3 \times (-3) + b - 14 = 0$,
$-9 + b - 14 = 0$ となって，$\boldsymbol{b=23}$ です.

➡注　$x=1$ 以外の解は，$x = \dfrac{-24 - 8\sqrt{2}}{21}$ となります．2 つの解の見た目の落差に驚かされます.

ここまでは 2 次方程式を扱ってきましたが，最後は少し雰囲気の違う問題をやってみます.

> 問題 4. x が 3 以外の整数値をとる方程式，
> $$ax - 3a - \sqrt{3}x - 5\sqrt{3} = 0$$
> がある.
> p, q を自然数として，$a = p\sqrt{q}$ の形で表されるとき，a の値をすべて求めよ.
> ただし $p\sqrt{q}$ は，これ以上簡単にできない形とする.

x について解くと，
$$(a-\sqrt{3})x = 3a + 5\sqrt{3}, \quad x = \dfrac{3a+5\sqrt{3}}{a-\sqrt{3}}$$

となり，とてもメンドウになってしまいます.

手段を変更しましょう.

解法　$a(x-3) - \sqrt{3}(x-3) - 8\sqrt{3} = 0$ より，
$$(a-\sqrt{3})(x-3) = 8\sqrt{3}$$

さてここで，$x-3$ は整数だから，これを整数 n とおくと，
$$n(a-\sqrt{3}) = 8\sqrt{3}, \quad an - \sqrt{3}n = 8\sqrt{3},$$
$$\therefore \quad an = \sqrt{3}n + 8\sqrt{3} = \sqrt{3}(n+8)$$

$x \neq 3$ より $n \neq 0$ だから，
$$a = \sqrt{3}\left(1 + \dfrac{8}{n}\right) \quad \cdots\cdots\cdots *4$$

さて，$a = p\sqrt{q}$ と表せるから，$q=3$. p にあたる部分は，$1 + \dfrac{8}{n}$ です.

これが自然数となるためには，
$$n = 1, 2, 4, 8$$

順に $*4$ へ代入すれば，a が求まり，
$$\boldsymbol{a = 9\sqrt{3}, \ 5\sqrt{3}, \ 3\sqrt{3}, \ 2\sqrt{3}}$$

が答えです.

順に $x = 4$, 5, 7, 11 で，確かに整数値になります.

数学ワザ　ビギナーズ　04
ルートの大きさを比べるには

無理数は，平方（2乗）することにより，大小関係が決定付けられます．

それは，m, n を正の数としたとき，

$$m^2 > n^2 \Rightarrow m > n$$

が成り立つからです．

例えば，$\dfrac{1}{\sqrt{3}}$ と $\dfrac{5}{3\sqrt{2}}$ ならば，2乗して，

$\dfrac{1}{3}\left(=\dfrac{6}{18}\right)$ と $\dfrac{5}{18}$ だから，$\dfrac{1}{\sqrt{3}}>\dfrac{5}{3\sqrt{2}}$ がわかります．

ルートを含んだ数の大小関係をみるのは，中学生にはなかなかややこしいものです．

> **想定1．動点の問題**
> 2つの動図形の t 秒後の重なりの面積が，
> $$4t^2+4t-3=20$$
> という式で表せたとします．ここで範囲の条件が $0<t\leqq2$ であるとき，これを満たす t はあるでしょうか．

解法　関係式を解けば，$t=-\dfrac{1}{2}\pm\sqrt{6}$ です．

このうち $t=-\dfrac{1}{2}-\sqrt{6}\ (<0)$ は範囲外です．

では，$t=-\dfrac{1}{2}+\sqrt{6}$ はどうでしょうか．

$0<-\dfrac{1}{2}+\sqrt{6}\leqq2$ が成り立つかを調べてみます．変形すると，

$$0<-1+2\sqrt{6}\leqq4 \qquad 1<2\sqrt{6}\leqq5$$
$$\sqrt{1}<\sqrt{24}\leqq\sqrt{25}$$

となって，不等号に矛盾はありませんから，正しいことがわかります．よって「この t は

$0<t\leqq2$ の条件を満たしている」と言えます．

> **想定2．格子点の個数**
> 右図において，△STO の内部及び周上にあり，x 座標，y 座標が共に整数である点の個数はいくつでしょうか．

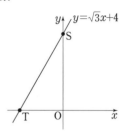

解法　目測では右のようになり，$x=0$ 上に 5 個，$x=-1$ 上に 3 個（※1），$x=-2$ 上に 1 個（※2）だから，合わせて **9 個**です．

そこで，※1, 2 が正しいのかどうか，目分量ではなくきちんと調べます．

Ⓐ　y 座標は $4-\sqrt{3}$．

$2<4-\sqrt{3}<3$ を確かめる．

$-2<-\sqrt{3}<-1$, $1<\sqrt{3}<2$ より，正しい．

Ⓑ　y 座標は $4-2\sqrt{3}$．

$0<4-2\sqrt{3}<1$ を確かめる．

$-4<-2\sqrt{3}<-3$, $3<2\sqrt{3}<4$,

$3<\sqrt{12}<4$ より，正しい．

以上より，誤っていなかったわけです．

> **想定3．整数の問題**
> $[x]$ は，x を超えない最大の整数を表すものとします．例えば $[2.5]=2$, $[3]=3$ です．では，$[\sqrt{37}-\sqrt{17}]$ はいくつになるでしょうか．

解法　つまり，$\sqrt{37}-\sqrt{17}$ の整数部分を求めるものです．

$6<\sqrt{37}<7$ ……………………………①

$4<\sqrt{17}<5$ より，$-5<-\sqrt{17}<-4$ …②

①+②より，
$$6-5<\sqrt{37}-\sqrt{17}<7-4$$
$$\therefore\quad 1<\sqrt{37}-\sqrt{17}<3$$

これより，$\sqrt{37}-\sqrt{17}$ を，考えうる整数部分により分類します．

① $\sqrt{37}-\sqrt{17}$ の整数部分を1と仮定．

$1<\sqrt{37}-\sqrt{17}<2$ と置きます．

ここで次を利用します．

[☆] a, b, c を正の数とすると，
$$a<b<c\iff a^2<b^2<c^2$$

$\sqrt{37}-\sqrt{17}$ は正だから，☆より，
$$1^2<(\sqrt{37}-\sqrt{17})^2<2^2$$
$$1<54-2\sqrt{629}<4$$
$$-53<-2\sqrt{629}<-50$$
$$25<\sqrt{629}<26.5$$
$$\sqrt{625}<\sqrt{629}<\sqrt{702.25}$$

以上より，不等号の関係は正しいわけです．

② $\sqrt{37}-\sqrt{17}$ の整数部分を2と仮定．

$2\leqq\sqrt{37}-\sqrt{17}<3$ と置きます．☆より，
$$2^2\leqq(\sqrt{37}-\sqrt{17})^2<3^2$$
$$4\leqq54-2\sqrt{629}<9$$
$$-50\leqq-2\sqrt{629}<-45$$
$$22.5<\sqrt{629}\leqq25$$
$$\sqrt{506.25}<\sqrt{629}\leqq\sqrt{625}$$

となり，不等号の関係は成り立ちません．つまり②の仮定は誤っていたことになります．

すなわち①が正しくて，
$$[\sqrt{37}-\sqrt{17}]=1$$

想定4. 図形量の最大値

長さの大小をきめる問題で，
$$l=2\sqrt{6}-\sqrt{3},\quad m=2\sqrt{5}-\sqrt{2}$$
となったとして，l と m の長い方を判別します．どちらが長いでしょうか．

解法 $l\leqq m$ と仮定します．
$$2\sqrt{6}-\sqrt{3}\leqq2\sqrt{5}-\sqrt{2}$$

l も m も正だから☆より，この両辺を平方し，
$$(2\sqrt{6}-\sqrt{3})^2\leqq(2\sqrt{5}-\sqrt{2})^2$$
$$27-12\sqrt{2}\leqq22-4\sqrt{10}$$
$$5-12\sqrt{2}\leqq-4\sqrt{10}$$
$$\therefore\quad 4\sqrt{10}\leqq12\sqrt{2}-5$$

両辺とも正だから，☆より，再度両辺を平方して，
$$(4\sqrt{10})^2\leqq(12\sqrt{2}-5)^2$$
$$160\leqq313-120\sqrt{2}$$
$$120\sqrt{2}\leqq153$$
$$\therefore\quad 40\sqrt{2}\leqq51$$
$$\therefore\quad \sqrt{3200}\leqq\sqrt{2601}$$

となってしまって，これは最初の仮定が誤っていたことになります．

結局，$2\sqrt{6}-\sqrt{3}>2\sqrt{5}-\sqrt{2}$
なので，長いのは l です．

想定5. 複雑な数の大小比較

$\sqrt{11}+\sqrt{7}+\sqrt{3}$ と $\sqrt{13}+\sqrt{5}+\sqrt{2}$ の大小を判定しなさい．

解法 前から順に，それぞれ1つずつ項を比べると，$\sqrt{11}+\sqrt{7}+\sqrt{3}$ と $\sqrt{13}+\sqrt{5}+\sqrt{2}$
　　　　　　　⑪　　囲　　倉　　　囲　　⑪　　倉
なので，比較が難しいところです．

そこでひとまずは，$\sqrt{11}+\sqrt{7}$ と $\sqrt{13}+\sqrt{5}$ を比べます．

$\sqrt{11}+\sqrt{7}\leqq\sqrt{13}+\sqrt{5}$ と仮定します．

両辺とも正だから，☆より，両辺を平方して，
$$(\sqrt{11}+\sqrt{7})^2\leqq(\sqrt{13}+\sqrt{5})^2$$
$$18+2\sqrt{77}\leqq18+2\sqrt{65}$$
$$2\sqrt{77}\leqq2\sqrt{65}$$
$$\sqrt{77}\leqq\sqrt{65}$$

より，この仮定は誤りです．

よって，$\sqrt{11}+\sqrt{7}>\sqrt{13}+\sqrt{5}$

さてそうすると，
$$\underset{\text{囲}}{\sqrt{11}+\sqrt{7}}+\underset{\text{倉}}{\sqrt{3}},\ \underset{\text{⑪}}{\sqrt{13}+\sqrt{5}}+\underset{\text{囲}}{\sqrt{2}}$$

だから，$\sqrt{11}+\sqrt{7}+\sqrt{3}>\sqrt{13}+\sqrt{5}+\sqrt{2}$

15

数学ワザ ビギナーズ 05

筆算の繰り下がりに注意し，丹念に調べよう

'繰り下がり'のある引き算を文字を用いて考えます．

まず，2013年の大阪教育大付池田です．

問題 1. 百の位の数が一の位の数より大きい3けたの自然数がある．はじめに，百の位の数と一の位の数を入れかえた数を考える．たとえば，340の場合，入れかえると043になる．ただし，043は43と考える．

次に，もとの数から入れかえた数を引いた差をPとする．

もとの数の百の位の数をa，十の位の数をb，一の位の数をcとするとき，次の問いに答えなさい．

（1）　数Pの一の位の数をa，cを用いて表しなさい．

（2）　数Pの十の位の数を求めなさい．

（3）　数Pの各位の数の和が18になることを証明しなさい．

題意よりもとの数は，一の位の数より百の位の数のほうが大きいから，$c < a$ ……①であることに注意します．

➡注　右の例などを参考に，見当をつけるとよいでしょう．

解法　もとの数は$100a + 10b + c$だから，入れかえた数は$100c + 10b + a$です．そこで数Pの各位の数を，順に考えていきます．

（1），（2）＜一の位＞

①より，引けないので，十の位から繰り下げ（…②）て，10を借りてこなければなりません．

よって，$c + 10 - a$　（…（1）の答）

＜十の位＞

②より，もとの数の十の位は$(b-1)$へ減っています．そこからbは引けないので，百の位から繰り下げ（…③）て，10を借りてきます．

よって，$(b-1) + 10 - b = 9$　（…（2）の答）

（3）＜百の位＞

③より，もとの数の百の位は$(a-1)$へ減っています．これは①より，$c \leqq a - 1$だから引けます．

よって，

$a - 1 - c$

$(a-1-c) + 9 + (c+10-a) = 18$　（証明終）

➡注　最初の例でも，$3 + 9 + 6 = 18$です．

次は2018年の慶應女子(一部略)です．

問題 2. 百の位，十の位，一の位がそれぞれa，b，cである3桁の数字がある．その3つの数字を並べ替えてできる一番大きい3桁の数字から一番小さな3桁の数字を引いたものを$<abc>$で表すものとする．

例えば，$<357> = 753 - 357 = 396$である．

$0 < a < b < c < 10$のとき，以下の問に答えなさい．

（1）　$<abc>$の百の位，一の位をa，cを用いてそれぞれ表しなさい．

（2）　$<abc> = ≪abc≫$となるとき，$<abc>$の値を求めなさい．

解法（1）　一番大きい数は$100c + 10b + a$，一番小さい数は$100a + 10b + c$

すると$<abc>$については，問題1と同様です．

百の位…$c - 1 - a$
一の位…$a + 10 - c$

（2）$≪abc≫$の一の位をa，cで表します．それには（1）で求めた$<abc>$の各位の数，$c - 1 - a$，9，$a + 10 - c$の大小を見極めなければいけません．

各位に9を超える数はないはずですから，この中で9は最大です．残った2つの数から最も小さな数を仮定し，場合分けします．

Ⅰ．$a+10-c$ が最も小さな数のとき

‘繰り下がり’に注意し，

$$(a+10-c)+10-9=a+11-c$$

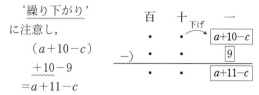

Ⅱ．$c-1-a$ が最も小さな数のとき

‘繰り下がり’に注意し，

$$(c-1-a)+10-9=c-a$$

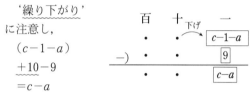

そこで，$<abc>=\ll abc\gg$ となるときの，互いの一の位を比較します．

Ⅰ．のとき，

$$a+10-c=a+11-c$$

この左辺と右辺は一致しません．

Ⅱ．のとき，

$$a+10-c=c-a \quad \therefore \quad c-a=5$$

これより $c-1-a$，9，$a+10-c$ は順に 4，9，5 だから，$<abc>=\ll abc\gg=\boldsymbol{495}$

最後は2017年の東京都立西（一部改）です．

> **問題** 3. n は2桁の自然数で，十の位の数も一の位の数も0でない．また x は3桁の自然数で，x から n を引いた差を m とする．ここで n，m の各位の数の和をそれぞれ a，b とし，a と b の和を c とする．
>
> 次の（1），（2）に答えよ．
>
> （1）$x=100$ のとき，数 c は常に一定の数になる．n の十の位の数を d，一の位の数を e として，文字 d と e を用いて説明せよ．
>
> （2）$x=101$ のとき，できる c の値は11か20の2つある．さて，$c=4$ となる x に対して，できる c の値をすべて求めよ．

解法（1）＜一の位＞

‘繰り下がり’に注意して，

$$0+10-e=10-e$$

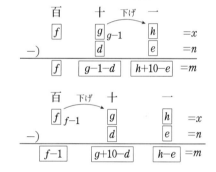

＜十の位＞

やはり‘繰り下がり’で，

$$0-1+10-d=9-d$$

$$\therefore \quad c=a+b=(d+e)+(9-d)+(10-e)=\boldsymbol{19}$$

（2）3桁の自然数 x の各位を f，g，h とします．

Ⅲ．繰り下がりがない場合

$$\begin{aligned}c&=a+b\\&=d+e+f\\&+(g-d)\\&+(h-e)\\&=f+g+h=\bigstar\end{aligned}$$

百	十	一	
f	g	h	$=x$
	d	e	$=n$
f	$g-d$	$h-e$	$=m$

Ⅳ．繰り下がりが1つある場合

百	十	一	
f	g (g-1)	h	$=x$
	d	e	$=n$
f	$g-1-d$	$h+10-e$	$=m$

百	十	一	
f (f-1)	g	h	$=x$
	d	e	$=n$
$f-1$	$g+10-d$	$h-e$	$=m$

上の筆算で計算すれば，

$$\begin{aligned}c&=d+e+f+(g-1-d)+(h+10-e)\\&=f+g+h+9=\bigstar+9\end{aligned}$$

これは下で計算しても同じである．

Ⅴ．繰り下がりが2つある場合

百	十	一	
f (f-1)	g (g-1)	h	$=x$
	d	e	$=n$
$f-1$	$g-1+10-d$	$h+10-e$	$=m$

$$\begin{aligned}c&=d+e+(f-1)+(g-1+10-d)\\&+(h+10-e)\\&=f+g+h+18=\bigstar+18\end{aligned}$$

つまり $\bigstar$，$\bigstar+9$，$\bigstar+18$ だから，$\bigstar=4$ で，$\boldsymbol{c=4，13，22}$ です．

数学ワザ　ビギナーズ 06

"桁ズラシ"に慣れよう

'桁ズラシ'は順序が変わらない部分と，そうでない部分の見極めが大事です．

まず 2008 年の早実です．

問題 1．3桁の整数 $\boxed{a}\,\boxed{b}\,\boxed{c}$ の各桁の数字を移して，新しい3桁の整数 $\boxed{b}\,\boxed{c}\,\boxed{a}$ をつくった．新しくできた整数は，もとの整数の4倍より300小さい．もとの整数を以下の手順で求めた．①から⑤にもっとも適する式または値を入れよ．

もとの整数の下2桁 $\boxed{b}\,\boxed{c}$ を d とすると，新しい整数は a，d を用いて，式 $\boxed{①}$ と表すことができる．これがもとの整数の4倍より300小さいから，a，d を用いた等式 $\boxed{①}=\boxed{②}$ が成り立つ．この等式を変形すると，$d=\dfrac{\boxed{③}}{2}$ となる．

$10 \leqq d \leqq 99$ であり，a と d はともに整数なので，$a=\boxed{④}$ となる．ゆえに，もとの整数は $\boxed{⑤}$ である．

もとの整数は $100a+10b+c$，新しい整数は $100b+10c+a$ です．そこで，誘導文にあるように順序が変わらない $10b+c$ を d とします．

解法　もとの整数は $100a+d$，新しい整数は $100b+10c+a=10(10b+c)+a=\boldsymbol{10d+a}$ です．

$$10d+a=4(100a+d)-300$$

整理して，

$$6d=399a-300$$

$$\therefore\quad d=\frac{133a-100}{2}$$

題意より，$10 \leqq \dfrac{133a-100}{2} \leqq 99$ となって，

もとの整数 $\boxed{a}\,\underbrace{\boxed{b}\,\boxed{c}}_{d}$ （百・十・一）

新しい整数 $\underbrace{\boxed{b}\,\boxed{c}}_{d}\,\boxed{a}$

$\dfrac{120}{133} \leqq a \leqq \dfrac{298}{133}$ だから，これを満たすのは，

$$a=1,\ 2$$

a について，条件に合うかどうか，確認を怠ってはいけません．

$a=1$ のとき，$d=\dfrac{133-100}{2}=\dfrac{33}{2}$

d は整数だから，これは満たさない．

$a=2$ のとき，$d=\dfrac{266-100}{2}=83$ より満たす．

もとの整数は $100a+d$ だから，**283**．

誘導文にもありましたが，★順序が変わらない部分を別の文字に置き換えるのが'桁ズラシ'の定石です．

➡注　**問題**1ならば，$\boxed{b}\,\boxed{c}$ が d でした．

次は 2010 年の西大和学園です．

問題 2．4けたの自然数 x がある．x の千の位の数を十の位に，百の位の数を一の位に，十の位の数を千の位に，一の位の数を百の位にしてできる4けたの数を y とすると，$y=3x-394$ が成り立つ．また，x の上2けたの数と下2けたの数の合計が 98 になる．このとき，4けたの自然数 x の値を求めよ．

一見複雑そうですが，順序が変わらない部分を見極め★を利用します．

解法　右図のようになっています．そこで順序の変わらない $\boxed{a}\,\boxed{b}$ を m，$\boxed{c}\,\boxed{d}$ を n として進めます．

$x=\underbrace{\boxed{a}\,\boxed{b}}_{m}\,\underbrace{\boxed{c}\,\boxed{d}}_{n}$ （千・百・十・一）

$y=\underbrace{\boxed{c}\,\boxed{d}}_{n}\,\underbrace{\boxed{a}\,\boxed{b}}_{m}$

すると m と n は2けたずつを表します．

$x=100m+n$，$y=100n+m$ とおきます．

$$100n+m=3(100m+n)-394$$

これより，$299m-97n=394 \cdots ⑦$

それと題意より $m+n=98 \cdots ④$ だから，⑦と④の連立方程式から，$m=25$，$n=73$

$$\therefore\quad \boldsymbol{x}=100m+n=\boldsymbol{2573}$$

続いては 2015 年東大寺学園です．

問題 3. 10 の倍数でない 2 桁以上の自然数 X に，次のような操作（※）をして自然数 Y を作る．

（※）　X の 1 の位の数を最高位に置き，他の位の数は 1 桁ずつ下げる．

例えば，$X=123$ のとき，$Y=312$ であり，$X=5678$ のとき，$Y=8567$ である．

（1）　X が 2 桁の自然数であるとき，$Y=\dfrac{7}{4}X$ となる X をすべて求めよ．

（2）　X が 3 桁の自然数であるとき，m を 2 桁の自然数，n を 1 桁の自然数とし，$X=10m+n$ とおく．$Y=\dfrac{23}{8}X$ となるとき，m, n の値をすべて求めよ．

（3）　X は 1 の位の数が 6 である 6 桁の自然数である．$Y=4X$ となる X を求めよ．

（2）は★へと誘導されています．（3）は数が大きいですが，これも★です．

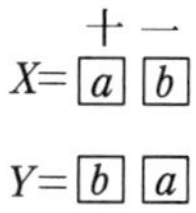

解法　（1）　$X=10a+b$,
$Y=10b+a$ とします．

$$X=\boxed{a}\boxed{b} \quad (十\ 一)$$
$$Y=\boxed{b}\boxed{a}$$

よって，$4(10b+a)=7(10a+b)$
より，$b=2a$ だから，$a=1$, 2, 3, 4

　　∴　$X=\mathbf{12}$, $\mathbf{24}$, $\mathbf{36}$, $\mathbf{48}$

（2）　右下図のようになるから，

$$X=10m+n, \quad Y=100n+m$$

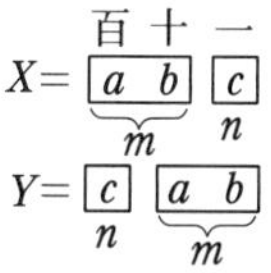

よって，
$$8(100n+m)$$
$$=23(10m+n)$$

$$X=\underset{m}{\underbrace{\boxed{a\ b}}}\ \underset{n}{\boxed{c}} \quad (百\ 十\ 一)$$
$$Y=\underset{n}{\boxed{c}}\ \underset{m}{\underbrace{\boxed{a\ b}}}$$

整理して，$2m=7n$ で，m は 2 桁，n は 1 桁だから，

　　$(m,\ n)=(\mathbf{14},\ \mathbf{4})$, $(\mathbf{21},\ \mathbf{6})$, $(\mathbf{28},\ \mathbf{8})$

（3）　右下図より，$X=10l+6$, $Y=600000+l$ とします．

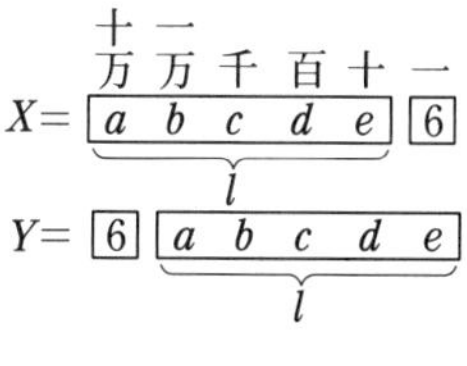

$$600000+l$$
$$=4(10l+6)$$
$$l=15384$$
　　∴　$X=\mathbf{153846}$

$$X=\underset{l}{\underbrace{\boxed{a\ b\ c\ d\ e}}}\ \boxed{6} \quad (十万\ 万\ 千\ 百\ 十\ 一)$$
$$Y=\boxed{6}\ \underset{l}{\underbrace{\boxed{a\ b\ c\ d\ e}}}$$

最後の問題です．

問題 4. 6 桁の自然数 A の上 3 桁と下 3 桁を入れ換えてできる 6 桁の自然数を B とする．例えば，$A=654321$ ならば $B=321654$ となる．次の各問いに答えよ．

（1）　$A+B$ が正の平方数となるとき，$A+B$ の一の位の数を求めよ．

（2）　$A-B$ が正の平方数となるとき，$A-B$ の一の位の数を求めよ．

★より下のようにします．

$$A=1000x+y,$$
$$B=1000y+x$$
とします．

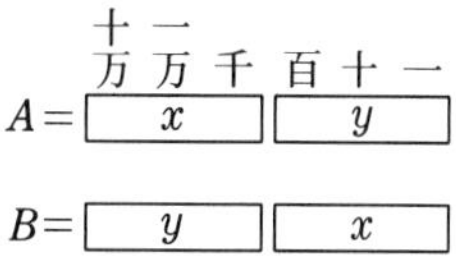

$$A=\boxed{\ \ x\ \ }\boxed{\ \ y\ \ } \quad (十万\ 万\ 千\ 百\ 十\ 一)$$
$$B=\boxed{\ \ y\ \ }\boxed{\ \ x\ \ }$$

解法　（1）　$A+B$
$$=(1000x+y)+(1000y+x)=1001(x+y)$$
$$=7\times11\times13\times(x+y)$$

つまり $A+B$ が正の平方数となるためには，$x+y=7\times11\times13\times k^2=1001k^2\cdots$⑦　となればよく，ここで x, y はともに 3 桁の数で，$100\leqq x\leqq999$, $100\leqq y\leqq999\cdots$* だから，$200\leqq x+y\leqq1998$

このことにより，⑦において $k=1$ で，
$$x+y=1001\times1^2=1001$$

よって $A+B=1001^2$ だから，一の位の数は **1**

（2）　$A>B$ より $x>y$
$$A-B=(1000x+y)-(1000y+x)$$
$$=999(x-y)=3^3\times37\times(x-y)$$

つまり $A-B$ が正の平方数となるためには，$x-y=3\times37\times l^2=111l^2\cdots$㊉　となればよく，ここで * より，$0<x-y\leqq899$

これと㊉より，$l=1$, 2 ときまり，
$l=1$ のとき，$x-y=3\times37\times1^2$
$$A-B=3^3\times37\times3\times37=333^2$$
　　∴　一の位の数は **9**
$l=2$ のとき，$x-y=3\times37\times2^2$
$$A-B=3^3\times37\times3\times37\times2^2=666^2$$
　　∴　一の位の数は **6**

➡**注**　A の各桁を a, b, c, d, e, f とすると，$x=100a+10b+c$, $y=100d+10e+f$ です．

数学ワザ　ビギナーズ　07

アイテムは素因数分解 "約数の個数"

約数の個数については「予備知識」（☞p.4）にあります。

＜例＞ $8(=2^3)$，$12(=2^2\times3)$ の約数の個数は，それぞれ $3+1=4$（個），$(2+1)\times(1+1)=6$（個）です。

これとは逆に約数の個数から，'素因数分解の形'が見えてきます（p，q，r は異なる素数）。今回はこれがテーマです。

1個 … 1
2個 … p （素数）
3個 … p^2 （素数の平方数）
4個 … p^3 または pq
5個 … p^4 （平方数）
6個 … p^5 または p^2q
7個 … p^6 （平方数）
8個 … p^7 または p^3q または pqr
9個 … p^8 または p^2q^2 （平方数）

最初は2014年の筑波大附属駒場（一部略）です。（1）は，素因数分解→個数，（2）はその反対で，素因数分解の形が手掛かりです。

問題 1. 1以上の整数 m に対して，$N(m)$ を m の約数の個数とします。例えば，4の約数は 1，2，4 なので $N(4)=3$，6の約数は 1，2，3，6 なので $N(6)=4$ です。

（1） $N(200)$ を求めなさい。
（2）（i） $N(m)=4$ をみたす 20 以下の m をすべて求めなさい。
　（ii） $N(m)=24$ をみたす m のうち，最も小さいものを求めなさい。

解法 （1） $N(200)=N(2^3\times5^2)$
　　　　 $=(3+1)\times(2+1)=12$

（2）（i） 約数が4個だから，2通りの素因数分解形があります。p^3 と pq です（p，q は異なる素数）。
・$m=p^3$ のとき，$m=2^3=8$
・$m=pq$ のとき，$m=2\times3=6$，$2\times5=10$，
　　　　　　　　$2\times7=14$，$3\times5=15$

（ii） 24個では次の7通りの素因数分解形が候補です。

　p^{23}，$p^{11}q$，p^7q^2，p^5q^3，p^5qr，p^3q^2r，p^2qrs
　➡注　p，q，r，s は異なる素数。
　上のそれぞれの最小値を書き出せば，
　　$2^{23}(>1000)$，$2^{11}\times3(>1000)$，
　　$2^7\times3^2(>1000)$，$2^5\times3^3(=864)$，
　　$2^5\times3\times5(=480)$，$2^3\times3^2\times5(=360)$，
　　$2^2\times3\times5\times7(=420)$
　よって，最も小さいものは，**360**。

2015年の開成で，こちらも（2）以降は個数からの逆算です。

問題 2. 正の整数 n に対して，n の正の約数の個数を $\langle n\rangle$ と表すことにする。例えば，$\langle6\rangle=4$，$\langle\langle6\rangle\rangle=\langle4\rangle=3$ である。なお，100以下の素数は右のとおりである。

2	3	5	7	11
13	17	19	23	29
31	37	41	43	47
53	59	61	67	71
73	79	83	89	97

（1） $\langle180\rangle$ および $\langle\langle180\rangle\rangle$ の値をそれぞれ求めよ。
（2） 50以上100以下の整数 x で，$\langle x\rangle=6$ を満たすもののうち，3の倍数であるものは3つある。それらをすべて求めよ。
（3） 100以下の正の整数 y で，$\langle\langle y\rangle\rangle=2$ を満たすもののうち，素数でないものをすべて求めよ。
（4） 200以下の正の整数 z で，$\langle\langle z\rangle\rangle=3$ を満たすもののうち，2の倍数であるものの個数を求めよ。

数と式

（2），（3），（4）は素因数分解の形から，丁寧な場合分けが必要です．

解法 （1）〈180〉＝〈$2^2×3^2×5$〉
　　　＝（2+**1**）×（2+**1**）×（1+**1**）＝2×3^2＝**18**
　　〈〈180〉〉＝〈$2×3^2$〉＝（1+**1**）×（2+**1**）＝**6**

（2）約数が6個だから，素因数分解するとp^5，p^2q の2通りです．問題の条件が '3の倍数である' ですから，素因数3を使います．

・$x＝p^5$ のとき，$3^5>100$ より不可．

・$x＝p^2q$ のとき，
　　① $p＝3$ では $x＝9q$．9×7＝**63**，9×11＝**99**
　　② $q＝3$ では $x＝3p^2$．$3×5^2$＝**75**

（3）約数2個は素数だから，
　　〈y〉＝2，3，5，7，…

・〈y〉＝2のとき，y は素数だから不適．

・〈y〉＝3のとき，y は p^2 の形に素因数分解できる素数の平方数．
　　　　2^2＝**4**，3^2＝**9**，5^2＝**25**，7^2＝**49**

・〈y〉＝5のとき，y は p^4 の形に素因数分解され，y は 2^4＝**16**，3^4＝**81**

・〈y〉＝7のとき，y は p^6 の形に素因数分解され，y は 2^6＝**64**

・〈y〉＝11のとき，y は p^{10} の形に素因数分解され，y は $2^{10}>100$ だから満たさない．
　〈y〉≧11 はすべて同様．

（4）約数が3個だから，〈z〉は p^2 の形に素因数分解できる．つまり素数の平方数である．
　　〈z〉＝4，9，25，49，…

また，問題の条件が '2の倍数である' だから，素因数は2を使います．

・〈z〉＝4のとき，z は p^3 または pq と素因数分解される．
　　$z＝p^3$ のとき，$p＝2$ で，$z＝2^3$＝8 の1個．
　　$z＝pq$ のとき，$p＝2$ として $z＝2q$
　　　これを満たす q は，100以下の2以外の素数だから24個．

・〈z〉＝9のとき，z は p^8 または p^2q^2 と素因数分解される．
　　$z＝p^8$ のとき，$p＝2$ で，$z＝2^8>200$ だから，満たさない．
　　$z＝p^2q^2$ のとき，$p＝2$ として $z＝4q^2$

z は $4×3^2$＝36，$4×5^2$＝100，$4×7^2$＝196 の3個．

・〈z〉＝25のとき，z は p^{24} または p^4q^4 と素因数分解されるが，いずれの場合も200を超えるので適さない．〈z〉≧25 はすべて同様．

以上により，答えは，1+24+3＝**28**（個）

最後は2007年の大阪星光学院です．

問題 3．記号〈a〉は自然数 a の約数の個数を表すものとする．例えば，〈6〉＝4である．
（1）〈a〉×〈b〉＝4のとき，〈ab〉の値をすべて求めよ．
（2）〈a〉×〈b〉＝8のとき，〈ab〉の値をすべて求めよ．

$a≦b$ としても差し支えありません．
〈a〉×〈b〉を場合分けします．

解法 （1）① 〈a〉＝1，〈b〉＝4のとき，a は約数が1個だから，$a＝1$．
　よってこのとき，
　　〈ab〉＝〈b〉＝4

② 〈a〉＝2，〈b〉＝2のとき，共に約数が2個だから素数で，$a＝p$ とします．

・$b＝p$ ならば，
　〈ab〉＝〈$p×p$〉＝〈p^2〉＝2+**1**＝3

・$b＝q$ ならば，
　〈ab〉＝〈$p×q$〉＝（1+**1**）×（1+**1**）＝4
　以上により，答えは，**3と4**

（2）③ 〈a〉＝1，〈b〉＝8のとき，$a＝1$．
　よってこのとき，
　　〈ab〉＝〈b〉＝8

④ 〈a〉＝2，〈b〉＝4のとき，a は素数で p とします．b の素因数分解形は，p^3 または q^3 または pq または qr です．

・$b＝p^3$ ならば，〈ab〉＝〈$p×p^3$〉＝〈p^4〉＝5

・$b＝q^3$ ならば，〈ab〉＝〈$p×q^3$〉＝8

・$b＝pq$ ならば，〈ab〉＝〈$p^2×q$〉＝6

・$b＝qr$ ならば，〈ab〉＝〈$p×qr$〉＝8
　以上により，答えは，**5と6と8**

プロローグ①

放物線と直線の交点が織りなす '線分比' の美しさ

放物線 $y=ax^2$ と直線 l が，異なる2点P，Qで交わるとき，交点P，Qの x 座標をそれぞれ p，q とすると，これらを用いて直線 l の式は，

$$y=a(p+q)x-apq \quad \cdots\cdots\cdots\cdots *$$

と表せます．

（理由）

$$傾き＝\frac{\mathrm{QH}}{\mathrm{PH}}$$
$$=\frac{aq^2-ap^2}{q-p}$$
$$=\frac{a(q+p)(q-p)}{q-p}$$
$$=a(p+q)$$

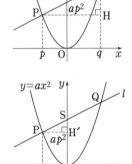

$$切片＝\mathrm{SH'}+\mathrm{H'O}$$
$$=-p\times a(p+q)$$
$$\quad +ap^2$$
$$=-ap^2$$

＊はとても便利ですし，本書でも多用します．

ところで，これとは別に，点P，Qの y 座標から切片，つまり点Sの座標を求められることを，みなさんご存じですか？

放物線 $y=ax^2$ と直線が，2点P，Qで交わっていて，PQと y 軸との交点をSとします．

点P，Qの x 座標を図1のようにそれぞれ p，q とします．すると y 座標は，

P$\cdots ap^2$
S$\cdots -apq$
Q$\cdots aq^2$

図1

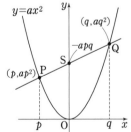

図1で，
PS：SQ
＝1：2
であるとき，
点P，Qの x
座標をそれぞ
れ $-k$，$2k$ と
します（図2）．
y 座標の比
はP，Q，Sの順に，

$$ak^2：2ak^2：4ak^2＝1：2：4$$

図2

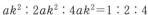

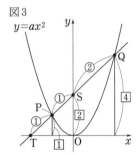

また直線
PQと x 軸と
の交点をTと
し，比をまと
めると図3のよ
うになります．

図3

続けて，図
1でP，Qの
y 座標の比が
1：9のとき
は，y 座標を
それぞれ ak^2，
$9ak^2$ と置け
ば，x 座標は，
$-k$，$3k$
（☞注）です（図4）．

図4

➡注　点PとQは y 軸を挟んで反対側にある設定です．

こうすれば
切片Sの座標
は $3ak^2$ です．
そこで比を
まとめると，
図5のように
なります．

図5

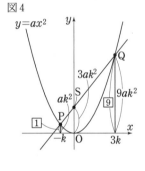

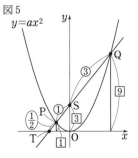

さて整理すると, 右図6の, PP′, SO, QQ′ の長さには, 何かしらの関係がありそうです.

ここからそれをみていきます.

図6

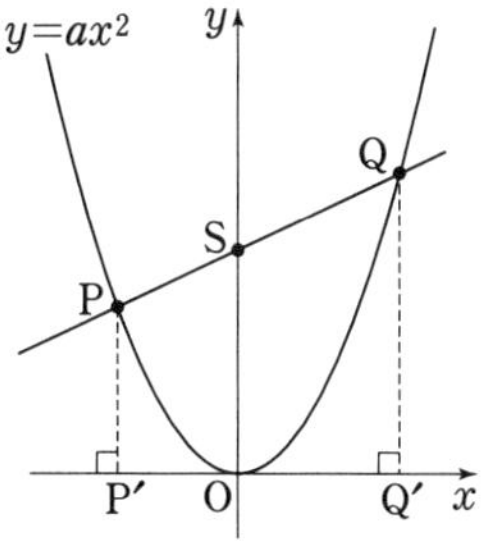

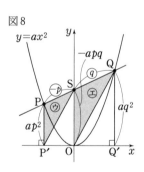

図7で色の付いた三角形に注目すれば,

P′O : SO
＝OQ′ : QQ′
＝1 : aq より,

△SP′O
∽△QOQ′

(㋐∽㋑…①)が成り立っています.

図7

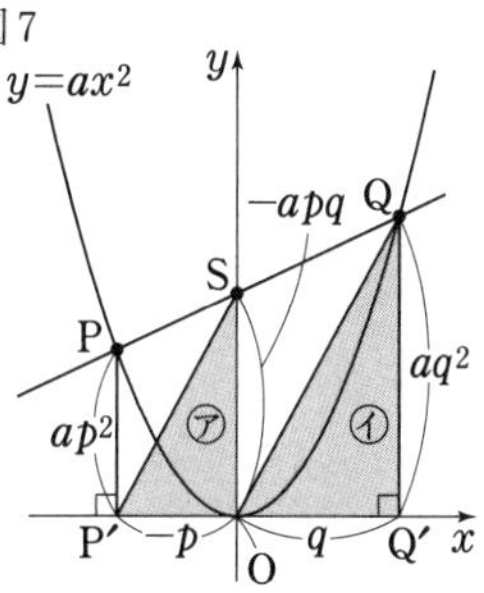

また図8では, SP : PP′
＝QS : SO
＝1 : $(-ap)$
より,

△SPP′
∽△QSO

(㋒∽㋓…②)です.

図8

ここで①より, SP′ : QO
＝SO : QQ′
②より,
SP′ : QO
＝PP′ : SO
だから,
SO : QQ′
＝PP′ : SO
∴ $\boxed{\text{SO}^2＝\text{PP}′×\text{QQ}′}$

図9

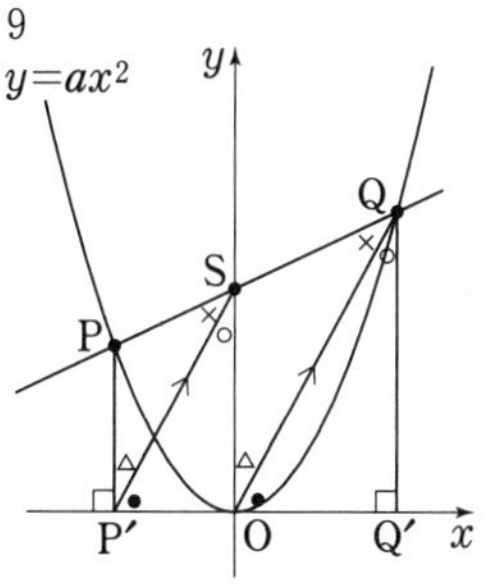

となっています.

➡注 点P, Q が y 軸について同じ側にあるときも同様に成り立っています.
△PTP′
∽△QTQ′
∽△STO
です.

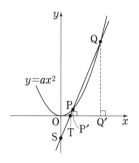

つまり‘放物線と直線の交点の y 座標’から, 直線の切片が明らかになるのです.

最後に次の問題をやってみましょう.

問題 右図で, 直線 AB の傾きが $\dfrac{1}{2}$ であるとき, 直線 AB の式を求めよ.

解法 まず,
CA : CD＝1 : 2
から, 図で,
AA′ : DO＝1 : 2
ここで,
$\boxed{\text{DO}^2＝\text{AA}′×\text{BB}′}$
だから, AA′＝k,
DO＝$2k$ として,
$(2k)^2＝k×8$ ∴ $k＝2$
よって, DO＝$2k＝2×2＝4$

求める直線の式は, $y＝\dfrac{1}{2}x+4$

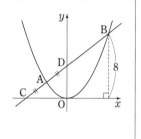

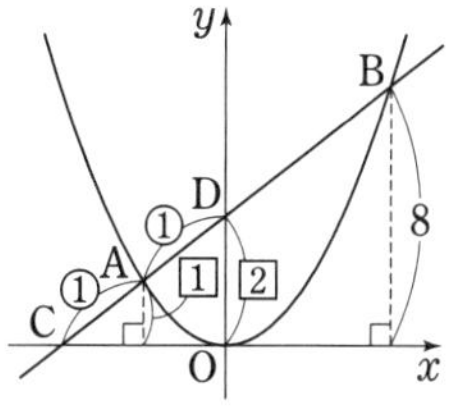

数学ワザ ビギナーズ 08
連立方程式の解の存在は一次関数から

座標平面上の2直線の関係として，次の3つが考えられます．

Ⅰ．交わる　　Ⅱ．平行　　Ⅲ．重なる

もし直線の式を方程式と見立てれば，'2直線の関係'と'二元一次連立方程式の解'には次のような連関がみられることが知られています．

Ⅰ…解を持つ（1つだけ存在する）．
Ⅱ…解を持たない（存在しない）．
Ⅲ…解が確定しない（不定）．

それでは確認します．

問題 1. 連立方程式，
$$\begin{cases} -3x+y=4 \\ (1-a)x+y=a \end{cases}$$
を解け．ただし $a \neq 4$ とする．

この連立方程式は解を持つので分類Ⅰです．

解法　$(1-a)x+y=a$
$$\begin{array}{r} -)\quad -3x+y=4 \\ \hline (1-a+3)x \quad =a-4 \\ (4-a)x=-(4-a) \end{array}$$

$a \neq 4$ から，$x=-1$　∴ $\begin{cases} x=-1 \\ y=1 \end{cases}$

座標平面上で表せば，右のようになります．

2直線は $(-1,\ 1)$ で交わっていることになります．

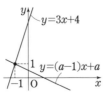

ここからは分類Ⅱの例です．入試でも多く出題されるケースです．

まず2017年東大寺学園です．

問題 2. a を定数とする．
$x,\ y$ についての連立方程式
$$\begin{cases} (-a^2+7a-6)x+2y=4 \\ ax+y=a \end{cases}$$
の解が存在しないとき，a の値を求めよ．

連立方程式のまま解こうとすれば，まず y を消去します．すると，
$$(a-2)(a-3)x=2(a-2)$$
となって，見通しがなかなか立ちにくいようです．

そこで直線の式へと変形します．

解法　2つの式を次のようにします．
$$\begin{cases} y=\dfrac{a^2-7a+6}{2}x+2 \\ y=-ax+a \end{cases}$$

「解が存在しない」とはⅡより，この2直線が"平行"になるわけです．

座標平面上では，
'平行⇒傾きが等しい'（☞p.5）
ので，次のように置きます．

$$\dfrac{a^2-7a+6}{2}=-a$$
$$a^2-5a+6=0$$
$$(a-2)(a-3)=0　∴　a=2,\ 3$$

さてここで，$a=2$ のとき，
$$\begin{cases} y=\dfrac{2^2-7\times2+6}{2}x+2=-2x+2 \\ y=-2x+2 \end{cases}$$
となり，2つの式は一致します．これは分類Ⅲだから，解が定まらず題意を満たしません．

次に，$a=3$ ならば，
$$\begin{cases} y=\dfrac{3^2-7\times3+6}{2}x+2=-3x+2 \\ y=-3x+3 \end{cases}$$
なので確かに平行になり，交点を持たない（解を持たない）ことがわかります．

∴　**$a=3$**

続いては 2016 年の開成です.

> 問題 3. 次の連立方程式の解がないとき, 定数 a の値を求めよ.
> $$\begin{cases} 2x+ay=a \\ (-1+4a-a^2)x+ay=1 \end{cases}$$

連立方程式として解こうとすると, y を消去して
$$(a-3)(a-1)x=a-1$$
となってしまいます.

解法 ① $\underline{a\neq0}$ のとき,
$$\begin{cases} y=-\dfrac{2}{a}x+1 \\ y=\dfrac{a^2-4a+1}{a}x+\dfrac{1}{a} \end{cases}$$

傾きに注目して,
$$-\frac{2}{a}=\frac{a^2-4a+1}{a}$$
$$a^2-4a+3=0$$
$$(a-1)(a-3)=0 \quad \therefore \quad a=1,\ 3$$

まず $a=1$ のとき,
$$\begin{cases} y=-\dfrac{2}{1}x+1=-2x+1 \\ y=\dfrac{1^2-4\times1+1}{1}x+\dfrac{1}{1}=-2x+1 \end{cases}$$
となり分類Ⅲで, 題意を満たしません.

次に, $a=3$ ならば,
$$\begin{cases} y=-\dfrac{2}{3}x+1 \\ y=\dfrac{3^2-4\times3+1}{3}x+\dfrac{1}{3}=-\dfrac{2}{3}x+\dfrac{1}{3} \end{cases}$$
なので, 平行で交点を持たず分類Ⅱです.

注意が必要で, まだ調べ漏れがあります.
② $\underline{a=0}$ のとき,

もとの式へ代入すれば,
$$\begin{cases} 2x+0y=0 \\ (-1+4\times0-0^2)x+0y=1 \end{cases}$$
$$\rightarrow \begin{cases} 2x=0 \\ -x=1 \end{cases} \rightarrow \begin{cases} x=0 \quad\cdots\cdots\cdots\text{Ⓐ} \\ x=-1 \quad\cdots\cdots\cdots\text{Ⓑ} \end{cases}$$

座標平面上に表せば, 右のようなグラフとなり, 2 つの直線Ⓐ, Ⓑは平行になっていて, こちらも分類Ⅱです.

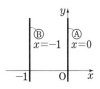

まとめるとつまりこうなります.
$$\therefore \quad a=0,\ 3$$

最後は分類Ⅲの問題です.

> 問題 4. a, b を定数とする連立方程式
> $$\begin{cases} 3x-y=2 \\ x-ay=b \end{cases}$$
> の解が 1 つに定まらないような, b の値を求めよ. ただし $a\neq0$ とする.

解法 変形します.
$$\begin{cases} y=3x-2 \\ y=\dfrac{1}{a}x-\dfrac{b}{a} \end{cases}$$

この 2 つの式が一致すればいいので,
$$3=\frac{1}{a} \quad \therefore \quad a=\frac{1}{3}$$
よって下の式で, $y=3x-3b$
$$-3b=-2 \quad \therefore \quad b=\frac{2}{3}$$

ちなみに $a=0$ として, これをもとの式へ代入すれば,
$$\begin{cases} 3x-y=2 \\ x-0y=b \end{cases} \rightarrow \begin{cases} y=3x-2\cdots\cdots\cdots\text{Ⓒ} \\ x=b\cdots\cdots\cdots\cdots\text{Ⓓ} \end{cases}$$
$x=b$ を上の式へ代入すれば, $y=3b-2$ より,
$$(x,\ y)=(b,\ 3b-2)$$

つまり x も y も, b の値に依存していることになり, やはり解は定まりません.

座標平面上のグラフにすれば, 右のようになっています.

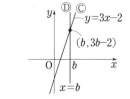

数学ワザ ビギナーズ 09

等積変形の基本を自分のものにしよう

近年の入試では，等積変形に絡む出題が多くなされています．ここではその使い方を確認します．

＜ケース1＞

- $\triangle AOB = \triangle APB$
- 点 P は放物線上

点 O を除けば，右の3点です．

① P_1 は，O を通るように引く

② 上側にある P_2，P_3 は，$\triangle AOB = \triangle AC'B$ を作り，この C' を通るように引く．$\underline{CO = CC'}$

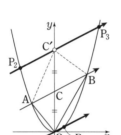

＜ケース2＞

- $\triangle AOB = 2\triangle AQB$
- 点 Q は放物線上

$\triangle AOB$ の半分で右の4点です．

③ CO のちょうど半分のところに D をとります．その D を通るように引くのが Q_1，Q_2

④ 上側にある Q_3，Q_4 は，$\triangle ADB = \triangle AD'B$ を作り，この D' を通るように引く．$\underline{CD = CD'}$

＜ケース3＞

- $2\triangle AOB = \triangle ARB$
- 点 R は放物線上

$\triangle AOB$ の2倍で，右の2点です．

⑤ $2\triangle AOB = \triangle AEB$ を作り，この E を通るように引いたのが R_1，R_2．$\underline{CE = 2CO}$

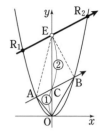

もちろんいつも直線 AB と平行に引くわけではありません．次のような例もあります．

＜ケース4＞

- $\triangle AOB = 2\triangle AOS$
- 点 S は x 軸上

$\triangle AOB$ の半分で，右の2点です．

⑥ $\triangle AOB$ を $\triangle AOF$ へと等積変形します．

そこで $\frac{1}{2}\triangle AOF = \triangle AGO$ を作り，この G を通るように引くのが S_1．

⑦ 同じく $\triangle AGO = \triangle AG'O$ を下側に作る．この G' を通るように引くのが S_2．$\underline{FG = GO = OG'}$

さて等積変形は，次のような問題においても大変に役立ちます．やってみましょう．

問題 1. 右図において，四角形 AOCB $= 2\triangle APB$ となる点 P を，放物線上の点 A から B の間にとる．

このとき点 P の x 座標を求めよ．

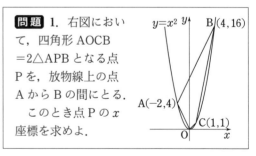

四角形 AOCB のままでは考えにくいので，ひとまず辺 AB を底辺とするような三角形へと等積変形します．

それが次ページ上の図の $\triangle ADB$ です．

解法 ⅰ）点 D の座標を求めます．BO の傾き は 4 で，この BO と平行で点 C を通る直線の 式は，$y=4x-3$

AO の式は，$y=-2x$ だから，$\mathrm{D}\left(\dfrac{1}{2},\ 1\right)$

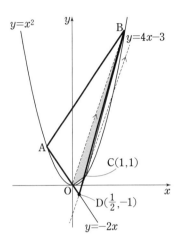

ⅱ）さらに，y 軸上に点 E を， $\triangle \mathrm{ADB}=\triangle \mathrm{AEB}$ ととります．

AB の傾きは 2 だから，ED の式は $y=2x-2$ よって，$\mathrm{E}(0,\ -2)$

つまり求める点 P は，$\triangle \mathrm{AEB}=2\triangle \mathrm{APB}$ と なるのです．

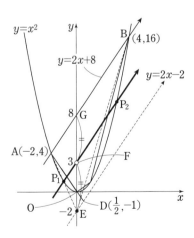

ⅲ）そこで y 軸上に，$\triangle \mathrm{AEB}=2\triangle \mathrm{AFB}$ とな る点 F をとります．この点は線分 GE の中点 だから F(0，3) です．

そして点 F を通る $y=2x+3$ と $y=x^2$ の交点

が求める点 P です（図の P_1，P_2）．∴　**−1，3**

ここからは具体的な面積の計算です．

問題 2. 右図におい て，$\triangle \mathrm{APC}=32$ と なる点 P を，放物線 上の点 A から B の間 にとるとき，点 P 座標を求めよ．

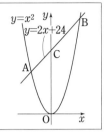

---

y 軸上に効果的な点 D を設け， $\triangle \mathrm{ADC}=\triangle \mathrm{APC}=32$ と 補助します．

解法 点 A の x 座標は −4 です．x 軸上に点 D を，$\triangle \mathrm{ADC}=32$ とな るようにとります．

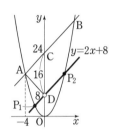

すると CD＝16 だか ら，点 D(0，8) です．

求める点 P は，直線 $y=2x+8$ 上にあります． それは $y=x^2$ との交点だから，

∴　**P(−2，4)，（4，16）**

問題 3. 右図におい て，四角形 AOBC ＝25 となるように， 放物線上に点 A を， とるとき，その座標 を求めよ．

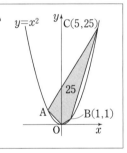

$\triangle \mathrm{COB}=10$ から，$\triangle \mathrm{CAO}=15$ です．

解法 y 軸上に点 D を $\triangle \mathrm{CAO}=\triangle \mathrm{CDO}=15$ となるようにとります．

すると DO＝6 から， D(0，6) です．

この点を通る直線 $y=5x+6$ と $y=x^2$ との 交点が A だから（図の A_1，A_2） ∴　**A(−1，1)，（6，36）**

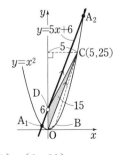

27

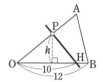

数学ワザ　ビギナーズ　10

座標平面上の '三角形の面積二等分' の基本中の基本

関数とグラフ

入試で頻出の三角形の面積二等分の問題. ここではその様々な解法を紹介しましょう.

問題 1. 右図において, 点 H を通り △AOB の面積を二等分する直線 l の式を求めよ.

A(10,4)

O　H(10,0)　B(12,0)

求める直線 l は, OA 上の P$\left(6, \dfrac{12}{5}\right)$ を通る $y = -\dfrac{3}{5}x + 6$ です. 点 P の求め方には様々なヴァリエーションがあります.

解法　<面積比を利用する>

まず △AOB を AH で分けます(下左図). AH によって全体が 5:1 になるので, 求める直線は明らかに辺 OA と交わります.

そこで全体の面積を 6 として, l によって 3:3 に分ければいいのです(下右図). ここから, AP:PO=2:3 と点 P の位置がわかります.

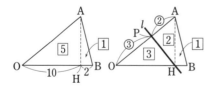

<面積比の公式による>

$$\dfrac{\text{OH}}{\text{OB}} \times \dfrac{\text{OP}}{\text{OA}} = \dfrac{1}{2}$$

x 座標の比をとり,

$$\dfrac{10}{12} \times \dfrac{p}{10} = \dfrac{1}{2}$$

$p = 6$ だから, 点 P の x 座標は 6.

<ダイレクトに高さを求める>

$$\triangle \text{POH} = \dfrac{\text{OH} \times h}{2} = 24 \times \dfrac{1}{2}$$

$$\dfrac{10 \times h}{2} = 12$$

$$\therefore \quad h = \dfrac{12}{5}$$

これが点 P の y 座標です.

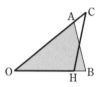

<等積変形Ⅰ>

△AOB を, 点 H を頂点とする △COH へと等積変形します(…①).

つまり l は, 点 H を通り △COH を二等分するから, 点 P は OC の中点となればよいのです.

さて①のとき, AH // CB です.

直線 AH は y 軸と平行だから, 点 B と点 C の x 座標は同じで 12.

直線 OA の式は,

$y = \dfrac{2}{5}x$ だから,

C$\left(12, \dfrac{24}{5}\right)$. ここから

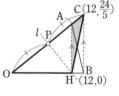

辺 OC の中点 P をわり出します.

<等積変形Ⅱ>

辺 OB の中点を M とした △AOM は, △AOB の面積の半分です.

ですから, △AOM = △POH となる点 P の位置を決めます(…②).

②のとき, AH // PM で, 直線 AH は y 軸と平行だから, 点 P の x 座標は点 M と同じ 6 です.

<等積変形Ⅲ>

辺 OA の中点を N と
した △NOB は，△AOB
の面積の半分です．

そこで，
△NOB＝△POH となる
点 P の位置を決めます（…③）．

③のとき，NH∥PB
で，N(5，2) だから，
NH の傾きは $-\dfrac{2}{5}$ です．

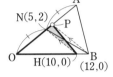

よって直線 PB の式
は $y=-\dfrac{2}{5}x+\dfrac{24}{5}$ だから，これと OA の式

$y=\dfrac{2}{5}x$ から交点 P の座標を求めます．

問題 2. 右図におい
て，点 P(1，3) と
辺 AB 上の点 Q を通
る直線が △AOB の面
積を二等分する．点
Q の座標を求めよ．

Q(**6**，**3**) です．同じようにやってみます．

解法 <面積比を利用する>

△AOB を PB で分け
ると，2：1 になるので，
全体の面積を 3 としま
す．すると，

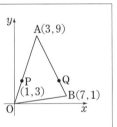

△APQ：△QPB
＝1.5：0.5
にならなければいけないので，AQ：QB＝3：1

<面積比の公式による>

$\dfrac{AP}{AO}\times\dfrac{AQ}{AB}=\dfrac{1}{2}$

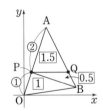

x 座標の比をとり，

$\dfrac{2}{3}\times\dfrac{q}{4}=\dfrac{1}{2}$

$q=3$ だから，
点 Q の x 座標は，点 A の x 座標＋3＝3＋3＝6

<等積変形Ⅰ>

点 P を頂点とする
△APC へと等積変形し
ます．（…④）．

点 Q は AC の中点で
す．ここで④のとき，
PB∥OC，直線 PB の傾

きは $-\dfrac{1}{3}$ で，直線 OC

の式は，$y=-\dfrac{1}{3}x$

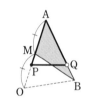

直線 AB の式は，
$y=-2x+15$(※)だ
から，C(9，−3)

これと A(3，9) から中点 Q を求めます．

<等積変形Ⅱ>

辺 AO の中点を M と
して，△AMB は △AOB
の面積の半分です．

△AMB＝△APQ で，
このとき，PB∥MQ

M$\left(\dfrac{3}{2},\ \dfrac{9}{2}\right)$ より，直線

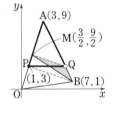

MQ の式は，

$y=-\dfrac{1}{3}x+5$ だから，こ

れと直線※より，点 Q を
求めます．

<等積変形Ⅲ>

辺 AB の中点を N と
した △AON は，△AOB
の面積の半分で，
△AON＝△APQ となる
点 Q を求めます．

PN∥OQ で，N(5，5)

だから，PN の傾きは $\dfrac{1}{2}$

で，直線 OQ の式は

$y=\dfrac{1}{2}x$ です．これと

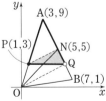

直線※より点 Q の座標を求めます．

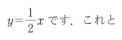

数学ワザ　ビギナーズ　11

2つの放物線を横切る直線は，線分の比を操る

2つの放物線とそれを横切る直線があるとき，4つの交点に注目し解き進めていきます．

まずは2016年の明大付明治から．

問題 1. 右図のように，y軸上の点Pを通る直線 l は，放物線 $y=\frac{1}{4}x^2$ と2点A，Bで交わり，放物線 $y=ax^2$ と（$a>\frac{1}{4}$）と2点C，Dで交わっている．点Bの x 座標が2で，BD：DP：PC＝1：3：4とする．
（1）a の値を求めよ．
（2）直線 l の式を求めよ．
（3）AP：CPを求めよ．

点A，B，C，Dから x 軸へ垂線 A′，B′，C′，D′ を下ろし，AA′，BB′，CC′，DD′，PO の比を明らかにします．
i）まず CC′：DD′ は，題意より，
CP：PD＝4：3だから，CC′：DD′＝[16]：[9]
ii）次に PO です．プロローグ①より，
PO²＝CC′×DD′ だから，PO＝[12]
iii）さて BB′ は次のようにします．
（CC′−PO）：（PO−DD′）
＝（16−12）：（12−9）＝4：3で，これは
CP：PD＝4：3と同じ比になっています．このことを考えれば，
PD：DB＝3：1だから，
（PO−DD′）：（DD′−BB′）
＝（12−9）：（9−BB′）

＝3：1となり，BB′＝[8]
iv）最後 AA′ は，PO²＝AA′×BB′ より，
12^2＝AA′×8 だから，AA′＝[18]
i）〜iv）をまとめると右図のようになります．

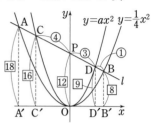

解法 （1）点Dの座標を使います．
問題文の～～と $y=\frac{1}{4}x^2$ より B(2, 1)
PD：DB＝3：1だから，点Dの x 座標は $\frac{3}{2}$
続けて y 座標は，上図で
DD′：BB′＝9：8だったから，DD′＝$\frac{9}{8}$．
よって，D$\left(\frac{3}{2}, \frac{9}{8}\right)$ を利用して，$a=\frac{1}{2}$

（2）点B，Dの座標から，$y=-\frac{1}{4}x+\frac{3}{2}$

（3）上図より，AC＝②となるから，
AP：CP＝⑥：④＝3：2

続いて2014年の青山学院です．

問題 2. 図の放物線①，②はそれぞれ関数
$y=\frac{1}{16}x^2$，
$y=ax^2$ のグラフである．直線 l

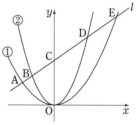

が放物線①，②および y 軸と図のように5点A，B，C，D，Eで交わっている．また，点Eの y 座標は4であり，
CE＝$2\sqrt{17}$，AD：DE＝2：1である．
（1）直線 l の式を求めよ．ただし，直線 l の傾きは正とする．
（2）点Aの座標を求めよ．
（3）a の値を求めよ．

解法 点 E の y 座標 4 を $y=\dfrac{1}{16}x^2$ へ代入して，

E(8, 4)．ここで右図の △ECC′ にて三平方の定理より，EC′=2．

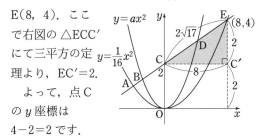

よって，点 C の y 座標は $4-2=2$ です．

さて情報を整理しましょう．点 A，B，D，E から x 軸へ下ろした垂線の足をそれぞれ A′，B′，D′，E′ として，

ⅰ）ここまでで EE′=4，CO=2

ⅱ）$CO^2=EE′\times AA′$ だから，$2^2=4\times AA′$

∴ AA′=1

ⅰ），ⅱ）より，AC：CE=1：2 がいえ，一方題意より AD：DE=2：1 だから，

AC：CD：DE=1：1：1 となります．

ⅲ）そこで，

ED：DC=(EE′−DD′)：(DD′−CO)

=(4−DD′)：(DD′−2)=1：1 を利用すれば，

DD′=3

ⅰ）〜ⅲ）をまとめれば右図になります．

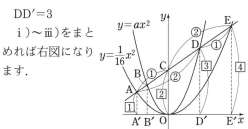

（1）E(8, 4)，C(0, 2) だから，$\boldsymbol{y=\dfrac{1}{4}x+2}$

（2）AA′=1 だから点 A の y 座標は 1．これを $y=\dfrac{1}{16}x^2$ へ代入することで，**A(−4, 1)**

（3）点 D の座標を利用します．

x 座標は，点 E の x 座標 8 と，CD：DE=1：1 を利用して 4．

また DD′：EE′=3：4 だから，y 座標は 3．

よって D(4, 3) だから，$y=ax^2$ へ代入して，

$\boldsymbol{a=\dfrac{3}{16}}$

問題 3. 右図において，2 点 A，B の x 座標の差が 2，同じく 2 点 D，E の差が 9 のとき，AB：BC：CD：DE を求めよ．

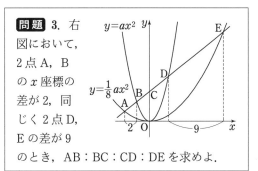

解法 点 A，B，D，E から x 軸へ下ろした垂線の足をそれぞれを A′，B′，D′，E′ とします．

ここで点 B，D の x 座標をそれぞれ b，d とすれば，点 A，E の x 座標は，$b-2$，$d+9$ です．

点 B，D と直線 AE の傾きを利用して，

$$a(b+d)=\dfrac{1}{8}a\{(b-2)+(d+9)\}$$

$$\dfrac{7}{8}(b+d)=\dfrac{7}{8}\quad b+d=1\quad \therefore\ b=-d+1$$

そこで，切片を利用して，

$$CO^2=BB′\times DD′=a(-d+1)^2\times ad^2\ \cdots *1$$

$$CO^2=AA′\times EE′$$

$$=\dfrac{1}{8}a(-d-1)^2\times \dfrac{1}{8}a(d+9)^2\ \cdots\cdots *2$$

*1，*2 から，整理して，

$$d(-d+1)=\dfrac{1}{8}(-d-1)(d+9)$$

$$7d^2-18d-9=0\quad (7d+3)(d-3)=0$$

ここで $d>0$ より，$d=3$

すると点 A′，B′，O，D′，E′ の各 x 座標は，−4，−2，0，3，12 だから，

AB：BC：CD：DE

=A′B′：B′O：OD′：D′E′=**2：2：3：9**

ヴァリエーション豊かな '台形の面積二等分'

こちらも入試で頻出です. 問題によって使い分けてもいいですし, 得意な手法を手に入れてもいいでしょう.

まずは, 2017 年の西大和学園(一部略)です.

問題 1. 図のように,

放物線 $y=\dfrac{1}{2}x^2$ と直

線 $y=x+4$ との 2 つ
の交点を A, B とする.
また, 3 つの △OAB,
△CAB, △DAB の面

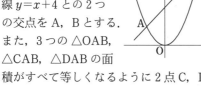

積がすべて等しくなるように 2 点 C, D を
放物線上にとる. ただし, 点 C の x 座標
は点 A の x 座標より小さいものとし, 点
D の x 座標は点 B の x 座標よりも大きい
ものとする. このとき, 次の各問に答えよ.
（1） 2 点 A, B の座標をそれぞれ求めよ.
（2） 2 点 C, D の x 座標をそれぞれ求め
　　 よ.
（3）　点 A を通り, 四角形 ABDC の面積
　　 を二等分する直線の方程式を求めよ.

（2）は等積変形です. その結果（3）の四角形
は台形です.

解法　（1）　$y=\dfrac{1}{2}x^2$ と

$y=x+4$ から, **A$(-2, 2)$,
B$(4, 8)$** です.
（2）　等積変形を利用すれ
ば, 条件を満たす点 C, D
は, 直線 $y=x+8$ 上です.

$y=\dfrac{1}{2}x^2$ と $y=x+8$ から, $x^2-2x-16=0$ を

解いて, 求める x 座標は,
　　点 C…$1-\sqrt{17}$, 点 D…$1+\sqrt{17}$
（3）　求める直線は台形と辺 CD で交わり, その交点を P とします. ここではいくつかの方法を紹介していきます.

＜辺の比から導く＞

$$CP = PD + AB = \frac{1}{2}(\text{上底}+\text{下底}) \cdots\cdots①$$

こうなれば面積は二等分されます. それを x 座標を使って考えます.
　辺 AB では, $4-(-2)=6$
　辺 CD では, $(1+\sqrt{17})-(1-\sqrt{17})=$ **$2\sqrt{17}$**
　①よりつまり,

$$CP = \frac{1}{2}\times(6+2\sqrt{17})$$
$$= 3+\sqrt{17}$$

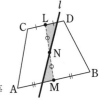

だから, 点 P の x 座標は,
　$(1-\sqrt{17})+(3+\sqrt{17})=4$
　P$(4, 12)$ だから, 求める

直線の式は, $y=\dfrac{5}{3}x+\dfrac{16}{3}$

＜台形用の公式を使う＞

　二等分する直線が, '台形の上底と下底の両方を通る（※）' という条件に限り, 成り立つ公式です. ここでは点 A を, 台形の下底の一部と解釈します.

（※）　辺 CD, AB の中点をそれぞれ点 L, M とし, さらに L, M の中点を N とする. 二等分する直線はこの N を通ればよい.
（☞注）

➡注　右図の台形で, 線分
LM によりもとの台形の面
積は等分されます.
　一方, 色の付いた三角形
どうしは合同だから, これ
らを入れ換えて得る, 太線
l で分けられた面積もまた等
分されます.
　また, 点 N の座標は, **4 点 A, B, C, D の平均**から求められます.
　点 C, D の y 座標は, それぞれ $9-\sqrt{17}$,
$9+\sqrt{17}$

そこで点Nの座標は、
N(1, 7)となります.

こうして2点A, Nを
通る直線が得られます.

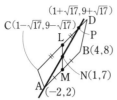

<等積変形の利用>
辺CDを延長し、

$$台形ABDC=\triangle CAE(\cdots ②)$$

となるように点Eをとります. こうすること
で、三角形の面積二等分へと還元します(下図).

そして辺CEの中点を得れば、$\triangle CAE$の面
積は二等分され
ます. この中点
がPです.

②とするには、
DA∥EBとなる
点Eをとります.
DABEは平行四
辺形だから、図
の網目の三角形は合
同です. よって、$E(7+\sqrt{17}, 15+\sqrt{17})$

そして線分CEの中点がPです.

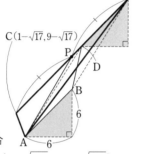

続いては2017年の早実です.

問題 2. 放物線 $y=ax^2$ と直線 $y=-x+n$
が2点A(4, 4)、Bで交わっている. 原
点をOとし、次の各問に答えよ.
(1) a の値とBの座標を求めよ.
(2) 放物線上の x 座標が正の部分に点P
を、$\triangle OAB$ と $\triangle OAP$ の面積が等しく
なるようにとる. このとき点Pの座標
を求めよ.
(3) (2)の点Pを通り四角形OAPBの
面積を二等分する直線と、線分OBの交
点の座標を求めよ.

(2)で等積変形、(3)は台形です.

解法 (1) $y=ax^2$ へA(4, 4)を代入し、
$$a=\frac{1}{4}$$

また直線 $y=-x+n$ へA(4, 4)を代入する
ことから $n=8$

$y=\frac{1}{4}x^2$ と $y=-x+8$ から、**B(−8, 16)**

(2) OA∥PBとなる
ように等積変形します.

BPの式は $y=x+24$

だから、$y=\frac{1}{4}x^2$ との

交点で、**P(12, 36)**

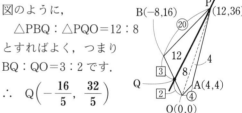

(3) 問題文に示され
ているように、面積を二等分する直線は辺BO
と交わります(この点をQとします). そのた
め公式※は使えないことに注意が必要です.

<辺の比から導く>
四角形OAPBを線分POで2つに分ければ、
$\triangle PBO : \triangle PAO = PB : AO = 20 : 4$

そこで四角形OAPB全体を24とします.

したがって $\triangle PBO$ を右
図のように、

$\triangle PBQ : \triangle PQO = 12 : 8$
とすればよく、つまり
$BQ : QO = 3 : 2$ です.

$\therefore Q\left(-\dfrac{16}{5}, \dfrac{32}{5}\right)$

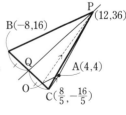

<等積変形の利用>
辺BOを延長し、

$$台形OAPB=\triangle PBC(\cdots ③)$$

となるように点Cをとります.

そして線分BCの中点が、求める点Qです.
③とするには、
PO∥ACとなるよう
に点Cをとります.

直線POの傾きは3
なので、これと平行で
点Aを通る直線の式
は、$y=3x-8$ です.

これとBOの式 $y=-2x$ との交点がCで、

$C\left(\dfrac{8}{5}, -\dfrac{16}{5}\right)$(以下略)

補助三角形を加え，等積変形へ持ち込もう

右図で斜線の面積どうしが等しくなるのは，どのような場合でしょうか．

それには，斜線の三角形に互いに△PABを補助として加えて，'△CABと△DABが等しい'と題意を言い換えます．こうすればAB∥CD（★）がその条件です．

まずは，2016年佼成女子（一部略）です．

問題 1. 右の図のように，放物線 $y=ax^2$（$a>0$）上に4点 A，B，C，D があります．線分 AB，CD の交点を E とします．点 A の座標は

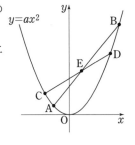

$\left(-1, \dfrac{1}{2}\right)$，点 B，C の x 座標はそれぞれ 3，$-\dfrac{3}{2}$ です．△ACE と △BDE の面積が等しくなるとき，次の問に答えなさい．

（1）点 B の y 座標を求めなさい．

（2）2点 B，C を通る直線の方程式を求めなさい．

（3）点 D の座標を求めなさい．

解法（1）$A\left(-1, \dfrac{1}{2}\right)$ より，$a=\dfrac{1}{2}$ です．

つまり放物線の式は $y=\dfrac{1}{2}x^2$

点 B の x 座標は 3 だから，y 座標は $\dfrac{9}{2}$

（2）$C\left(-\dfrac{3}{2}, \dfrac{9}{8}\right)$ だから，$y=\dfrac{3}{4}x+\dfrac{9}{4}$

（3）△ACE と △BDE に互いに，△CEB を加えます．つまり左下図において，

△ACB＝△DBC となり，★より CB∥AD となるように点 D をとるのが条件です．

★より直線 AD の傾きは $\dfrac{3}{4}$ だから，右下図で，$\dfrac{1}{2}\times(-1+d)=\dfrac{3}{4}$

∴ $d=\dfrac{5}{2}$ ∴ $D\left(\dfrac{5}{2}, \dfrac{25}{8}\right)$

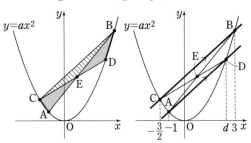

続いては 2013 年の青雲です．

問題 2. 放物線 $y=ax^2\cdots$① と，直線 $y=bx\cdots$② が原点 O と点 A で交わっており，点 A の x 座標は $\dfrac{1}{2}$ である．放物

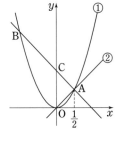

線①上の点 A 以外の点 B に対し，直線 AB と y 軸との交点を C とする．点 C の y 座標が 1，∠AOC＝45°であるとき，次の各問に答えよ．

（1）a，b の値をそれぞれ求めよ．

（2）点 B の座標を求めよ．

（3）直線 OA 上に 2 点 O，A と異なる点 D をとり，直線 BD と y 軸との交点を E とする．△BCE と △ODE の面積が等しくなるような点 D の座標を求めよ．

関数とグラフ

解法 （1）　∠AOC＝45°を利用すれば，直線②と x 軸のなす角も 45° です．よって，$b=1$

これより，A$\left(\dfrac{1}{2},\ \dfrac{1}{2}\right)$

すると①は，$\dfrac{1}{2}=a\times\left(\dfrac{1}{2}\right)^2$ より，$a=2$

（2）　直線 AB は，（1）で求めた点 A と C（0，1）を通るので，$y=-x+1$

これと①から，$2x^2=-x+1$

$2x^2+x-1=0$　$(2x-1)(x+1)=0$

$\therefore\ x=-1$　$\therefore\ \mathbf{B(-1,\ 2)}$

（3）　△BCE と △ODE の互いに，$\underline{\triangle BEO}$ を加えます．つまり左下図において，

△BOC＝△OBD となり，★より BO∥CD となるように点 D をとれるのが条件です．

直線 BO の傾きは -2 だから，★より CD の式は $y=-2x+1$ です．これと $y=x$ から，

$x=-2x+1$　$\therefore\ x=\dfrac{1}{3}$　$\therefore\ \mathbf{D\left(\dfrac{1}{3},\ \dfrac{1}{3}\right)}$

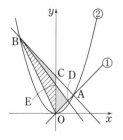 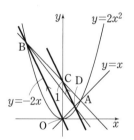

最後は 2015 年早大学院（一部略）です．

問題 **3**．図のように，放物線 $y=ax^2$（$a>0$）上に点 A，B，C がある．点 A，C の x 座標はそれぞれ -1，5 である．また，点 B の x 座標を b（$0<b<5$）とする．直線 OC と直線 AB の交点を E とすると，△EAO と △EBC の面積はともに 3 である．

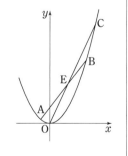

このとき，a の値，b の値，点 E の x 座標をそれぞれ求めよ．

解法　△EAO と △EBC に互いに，△AEC を加えます．つまり左下図において，

△OAC＝△BCA となり，★より AC∥OB（※1）となるように点 B をとるのが条件です．

※1 の傾きを利用すれば，

$a\times\{(-1)+5\}=a\times(0+b)$　$\therefore\quad b=4$

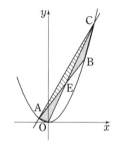 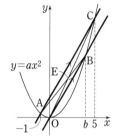

さてここで，点 A，B，C の x 座標はそれぞれ -1，4，5 だから，

AC：OB＝6：4

＝3：2

△AEC∽△BEO から，

AE：EB

＝3：2（※2）

つまり点 E の x 座標は，**2**

さて題意より △EAO＝3 だから，※2 より，

$\triangle\text{BAO}=3\times\dfrac{3+2}{3}=5$

また A$(-1,\ a)$，B$(4,\ 16a)$ から，直線 AB の切片は $4a$

右図のようにすれば，

△AOB＝△A′FB′

＝$\{4-(-1)\}\times 4a\times\dfrac{1}{2}$

＝5

これより，$10a=5$　$\therefore\quad a=\dfrac{1}{2}$

35

‘放物線の奏でる相似’に気付けば瞬時に解決

2本の放物線①…$y=ax^2$，②…$y=bx^2$ と，直線 $y=kx$ が交わっています（$a>0$，$k>0$ とする）．

I．$b>0$ の場合

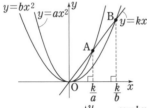

II．$b<0$ の場合

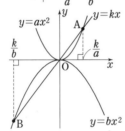

このとき直線と放物線①，②の交点の x 座標は，それぞれ $\dfrac{k}{a}$，$\dfrac{k}{b}$ です．ということは I，II 共に，

$$\mathrm{OA:OB}=\left|\dfrac{k}{a}\right|:\left|\dfrac{k}{b}\right|=\left|\dfrac{1}{a}\right|:\left|\dfrac{1}{b}\right|=|b|:|a|$$

となっています．

$y=ax^2$ と $y=bx^2$ において $|b|:|a|$ なのだから，定数の逆比だと気付くでしょう．

“放物線は相似”で，$y=ax^2$ と $y=bx^2$ の相似比は，

$$\dfrac{1}{|a|}:\dfrac{1}{|b|}=|b|:|a| \quad \cdots\cdots（★）$$

であるといえます（⇨注）．

➡注　原点 O は放物線の相似の中心です．

具体的には次のように役立ちます．
原点を通る2本の直線と放物線が交わってい

るとき，$\boxed{\mathrm{OA:OB}=\mathrm{OA':OB'}=|b|:|a|}$ だから，$\triangle\mathrm{OAA'}:\triangle\mathrm{OBB'}=b^2:a^2 \cdots\cdots\text{☆}$ です．

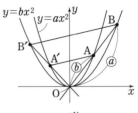

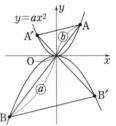

それでは実際の入試問題へもあたってみましょう．2015年の佼成女子（一部略）です．

問題 1. 次の図のように，2つの放物線があります．
放物線 $y=x^2$ 上の2点A，Bの座標はそれぞれ$(1, 1)$，$(-3, 9)$ です．また，線分 OA，OB と放物線 $y=ax^2$ との交点を E，F とすると，$\mathrm{OE:EA}=1:4$ になります．
（1）a の値を求めなさい．
（2）四角形 ABFE の面積を求めなさい．

解法 （1）★より，2つの放物線 $y=x^2$ と $y=ax^2$ の相似比は $a:1$ だから，

$a:1=\mathrm{OA:OE}=5:1$
$\cdots\cdots\cdots（*1）$
∴ $a=5$

（2）☆より，*1から，
$\triangle\mathrm{BOA}:\triangle\mathrm{FOE}$
$=5^2:1^2=25:1$
ここで，$\triangle\mathrm{BOA}=6$ だから，

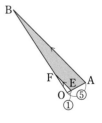

$$\triangle FOE = \frac{1}{25}\triangle BOA = \frac{1}{25}\times 6 = \frac{6}{25}$$

$$\text{四角形 ABFE} = \triangle BOA - \triangle FOE$$
$$= 6 - \frac{6}{25} = \frac{144}{25}$$

2本の放物線に交わる直線からできる三角形が，右図のような場合でも，

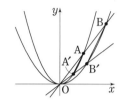

△OAA′：△OBB′
より，同じく☆が成り立っています．

2016年の立命館(一部略)です．

問題 2. 放物線

$y=x^2$ 上に A(t, t^2)，B$(2, 4)$があり，直線 AO，直線 BO と

放物線 $y=-\frac{1}{3}x^2$ と

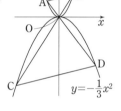

の原点でない方の交点をそれぞれ D，C

とします．$t \ne 0, 2, -2$ とします．

（1） 点 D の座標を t を使って表しなさい．

（2） △OAB と △ODC の面積の比を最も簡単な整数比で表しなさい．

解法 （1） ★より，

$y=x^2$ と $y=-\frac{1}{3}x^2$ の相

似比は，

$$\left|-\frac{1}{3}\right| : |1| = 1 : 3$$
$$\cdots\cdots(*2)$$

よって，

OA：OD＝1：3 ∴ **D$(-3t, -3t^2)$**

（2） ☆より，*2から，

△OAB：△ODC＝$1^2:3^2=$**1：9**

2016年の筑駒(一部略)です．

問題 3. 原点を O とし，関数 $y=x^2$ のグラフを①，

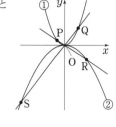

$y=-\frac{1}{3}x^2$ のグラフ

を②とします．点 P は①上にあり，その

x 座標は -1 です．また点 Q も①上にあり，その x 座標は 2 です．直線 PO と②の交点のうち O でないものを R，直線 OQ と②の交点のうち O でないものを S とします．座標の1目盛を1cm として，次の問に答えなさい．

（1） 点 R の y 座標を求めなさい．

（2） 点 S の y 座標を求めなさい．

（3） 直線 RS と y 軸の交点を T とします．このとき △QTR の面積を求めなさい．

解法 （1） ★より，

$y=x^2$ と $y=-\frac{1}{3}x^2$ の相

似比は，

$$\left|-\frac{1}{3}\right| : |1| = 1 : 3$$
$$\cdots\cdots(*3)$$

P$(-1, 1)$ から，*3 より，R$(3, -3)$

（2） Q$(2, 4)$ だから，*3 より，

S$(-6, -12)$

（3） △POQ∽△ROS から，

∠QPO＝∠SRO ∴ PQ∥RS

ここで直線 PQ と

y 軸の交点を T′ と

すれば，

△QTR＝△T′TR

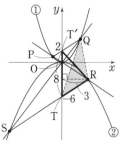

直線 PQ の式から

考えて，T′ の y 座標は 2．*3 より，

T の y 座標は -6

∴ △T′TR＝$\frac{1}{2}\times\{2-(-6)\}\times 3$

＝**12**（**cm**²）

数学ワザ　ビギナーズ　15

'等積変形'で 面積自在に

2016 年の豊島岡女子(一部略)です.

問題 1. 図のように放物線 $y=x^2\cdots$①の上に 2 点 A$(-1,\ 1)$, B$(2,\ 4)$があります. 点 B を通り, 直線 AB に垂直な直線と①の交点のうち点 B でない方を C とします.

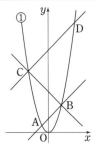

(1) 点 C を通って, 直線 AB に平行な直線の式を求めなさい.

(2) (1)で求めた直線と①の交点のうち点 C でない方を D とします. 直線 BC 上に点 E を, 三角形 BDE の面積が台形 ABDC の面積と等しくなるようにとるとき, 点 E の x 座標を求めなさい. ただし, 点 E の x 座標は点 C の x 座標より小さいものとします.

解法 (1) 直交する 2 直線の傾きをそれぞれ m, n とすれば $m\times n=-1$ が成り立ちます.

直線 AB の傾きは 1 だから, 直線 BC の傾きは -1 です. そこで点 C の x 座標を c として, 直線 BC の傾きの公式を利用して, $1\times(c+2)=-1$

∴ $c=-3$

C$(-3,\ 9)$ から, 求める式は, $\boldsymbol{y=x+12}$

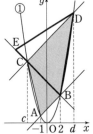

(2) 点 D の座標は, x 座標を d とすれば, 直線 CD の傾きの公式を利用して,

$1\times(d-3)=1$ ∴ $d=4$ ∴ D$(4,\ 16)$

点 E は左段下の図のようにとれます.

さて, 以下のような手順で等積変形します.

台形 ABDC
→△A'BD
→△EBD

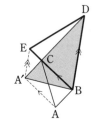

まずは A' の座標を求めます. この点は, BC ∥ AA' となるようにとります.

直線 BC の傾きは, -1 だったから, 直線 AA' の式は,

$y=-x$

これと(1)の式から計算して, A'$(-6,\ 6)$これにて△A'BD が決まりました.

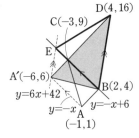

次に点 E の座標です. この点は, BD ∥ A'E となるようにとります.

直線 BD の傾きは 6 だから, A'E の直線の式は, $y=6x+42$

これと BC の式 $y=-x+6$ から計算して, E の x 座標は, $-\dfrac{36}{7}$

次は 2012 年の学芸大附属(一部略)です.

問題 2. 関数 $y=x^2$ のグラフ上に 2 点 A$(-1,\ 1)$, B$(7,\ 49)$をとる. 線分 AB の中点を通り, y 軸に平行な直線と $y=x^2$ のグラフとの交点を C とする.

線分 AC の中点を通り, y 軸に平行な直線と, $y=x^2$ のグラフとの交点を D とする. ここで, $y=x^2$ のグラフ上で点 C と点 B の間に点 E をとると, △ACD の面積と△BCE の面積が等しくなった. このとき, 点 E の座標を求めなさい.

解法　点 C の x 座標は $(3, 9)$ で，AC の中点の x 座標は 1 です。

よって，D$(1, 1)$

題意より，右図で色をつけた三角形どうしの面積が等しくなります。

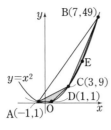

さてそこで，直線 BA 上に点 D′，E′ を，

ⅰ）△ACD＝△ACD′

ⅱ）△BCE＝△BCE′

ととります（下図）。

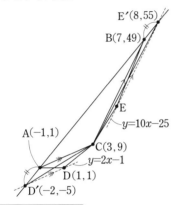

$\boxed{\triangle ACD'＝\triangle BCE'}$ となればよく，$\underline{AD'＝BE'}$ を満たすように点 E′ をとります。

ⅰ）AC∥D′D。直線 AC の傾きは 2 だから，直線 D′D の式は $y＝2x-1$。これと直線 AB の式 $y＝6x+7$ から，D′$(-2, -5)$

ⅱ）下線部より，E′$(8, 55)$ とすればよく，BC∥E′E で，直線 BC の傾きは 10 だから，直線 E′E の式は $y＝10x-25$

点 E の座標は，$y＝x^2$ と $y＝10x-25$ の交点だから，**E$(5, 25)$**

➡**注**　直線 E′E は放物線と接しています。

最後の問題です。

問題 3. 右図のように放物線 $y＝x^2$ と直線 $y＝2x+8$ が点 A，B で交わっている。

点 B から x 軸へ下ろした垂線の足を C

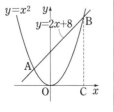

として，次の各問に答えよ。

（1）　△CBA＝△CPA となるように点 P をとれば，P はある直線上を動く。この直線が点 B を通るとき，直線の式を求めよ。

（2）　△BAO＝△BQO となるように点 Q をとれば，Q はある直線上を動く。この直線が点 A を通るとき，直線の式を求めよ。

（3）　四角形 AOCB＝四角形 AOCR＝四角形 ROCB となるように点 R をとる。

このとき，四角形 AOCR と四角形 ROCB の重なった部分の面積を求めよ。

A$(-2, 4)$，B$(4, 16)$，C$(4, 0)$ です。

解法　（1）　下左図から，$\boldsymbol{y＝-\dfrac{2}{3}x+\dfrac{56}{3}}$

（2）　下右図より，$\boldsymbol{y＝4x+12}$

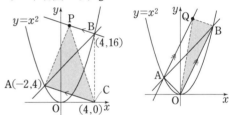

（3）　（1）に △AOC を加えれば，

　　四角形 AOCB＝四角形 AOCP　…（＊1）

また（2）に △BOC を加えれば，

　　四角形 AOCB＝四角形 QOCB　…（＊2）

ここで＊1＝＊2 となるためには，（1）の P と（2）の Q が一致すればよくて，この点が R です。

P は（1）の直線上を，Q は（2）の直線上を動くから，直線（1）と（2）の交点を求めます。

すると，R$\left(\dfrac{10}{7}, \dfrac{124}{7}\right)$

そして重なった部分は右の色の付いた三角形なので，その面積は，

$$\dfrac{1}{2}\times 4\times\dfrac{124}{7}＝\boldsymbol{\dfrac{248}{7}}$$

➡**注**　点 R を直線 AC の下側にとることもできますが，すると四角形の頂点の順が A$\overset{..}{O}\overset{..}{R}$C となり題意を満たしません。同様に点 R を直線 BO の右側にとると，$\overset{.}{O}\overset{.}{R}$CB の順となります。

数学ワザ　ビギナーズ　16

放物線と平行四辺形の関わりを見る

今回は，座標平面上で'放物線'と'平行四辺形'が絡む問題です．どう絡む？

2017年の国学院久我山（一部略）は典型的なタイプです．

問題 1. 図のように関数 $y=\dfrac{1}{2}x^2$ のグラフ上に3点 A(-6, 18)，B(a, b)，C(2, 2) があり，y 軸上に D(0, d) があります．$-6<a<0$ とし，四角形 ABCD が平行四辺形になるとき，a，b，d の値を求めなさい．

解法 右図の網目部の直角三角形は合同です．

IC＝HD＝6 なので，$a=-4$．また点Bは放物線上の点だから，$b=8$

B(-4, 8)を利用し，AH＝BI＝6 ∴ $d=12$

あるいは次のように考えることもできます．

平行四辺形の対角線の交点はそれぞれの中点ですから，M(-2, 10)

ここから $a=-4$．点Bは放物線上で $b=8$

この b と M の y 座標 10 から考えて，$d=12$

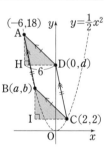

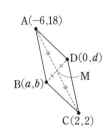

さてまとめます．

> 平行四辺形が出てきたら，
> **方法Ⓐ** 隣り合う頂点の座標がわかる．
> …直角三角形の合同から，座標の差をとる．
> **方法Ⓑ** 向かい合う頂点の座標がわかる．
> …対角線の交点（中点）を利用する．

いかがでしたか，**問題** 1 はⒶ，Ⓑの両方が使えたわけです．

続いては2017年の筑波大附属です．

問題 2. 関数 $y=\dfrac{1}{2}x^2$ のグラフ上の2点 A，B の x 座標は，それぞれ-2，4 である．

関数 $y=-x^2$ のグラフ上に異なる2点 C，D を，右の図のようにとると，四角形 ACDB は平行四辺形となった．このとき点Dの x 座標は □ である．

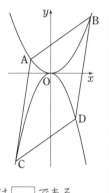

A(-2, 2)，B(4, 8)です．つまり隣り合う頂点が分かっているので，**方法Ⓐ**を使います．

解法 頂点 C，D の x 座標をそれぞれ c，d と置き，網目の直角三角形の合同を利用します．

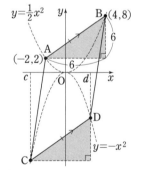

x 座標の差から，
$$d-c=6 \quad \text{……①}$$
また直線 CD の傾きは直線 AB と同じで1だから，傾きの公式を使って，
$$-1\times(d+c)=1 \quad ∴ \quad d+c=-1 \cdots②$$

よって①，②の連立方程式から，$d=\dfrac{5}{2}$

このように傾きの公式が大きな武器になります．そのうえで「傾き」と「座標の差」との連立方程式へ持ち込めるからです．

では次の問題をやってみましょう.

問題 3. 放物線 $y=x^2$ 上に 2 点 A, D, 放物線 $y=-2x^2$ 上に 2 点 B, C があり, 点 A, C の x 座標はそれぞれ -2, $\dfrac{5}{2}$ である.

4 点 A, B, C, D を結んだ図形が平行四辺形となるとき, 点 B, D の座標を求めよ.

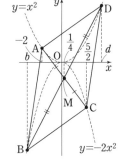

向かい合う頂点の座標が明らかなので, **方法B**を使います.

解法 図のように対角線 AC の中点を M とすると, その x 座標は $\dfrac{1}{4}$ です.

そこで頂点 B, D の x 座標をそれぞれ b, d と置くと,

$$\frac{b+d}{2}=\frac{1}{4} \quad \therefore \quad b+d=\frac{1}{2} \cdots\cdots\cdots③$$

さて, 直線 AD の傾きは, $1\times(-2+d)$,

直線 BC の傾きは, $-2\times\left(b+\dfrac{5}{2}\right)$

これらが等しいことを利用すれば,

$$-2+d=-2\left(b+\frac{5}{2}\right)$$

$$\therefore \quad 2b+d=-3 \cdots\cdots\cdots\cdots④$$

よって③, ④の連立方程式から,

$$b=-\frac{7}{2}, \quad d=4$$

$$\therefore \quad \mathbf{B}\left(-\frac{7}{2}, -\frac{49}{2}\right), \mathbf{D}(4, 16)$$

この問題は, 「中点」と「傾き」の連立方程式で解決しました.

そして最後の問題です.

問題 4. 放物線 $y=\dfrac{1}{2}x^2$ 上に, 図のように 3 点 A, B, C をとり, 四角形 ABCD が平行四辺形になるように点 D をとる.

対角線 AC と DB の交点を E とすると, 点 E が直線 $y=-10x$ 上にある. 直線 AC の傾きが -2 のとき, 次の各問に答えよ.

（1） 点 E の座標を求めよ.

（2） 点 A, C の座標を求めよ.

（3） 四角形 ABCD がひし形となるとき, 点 D の座標を求めよ.

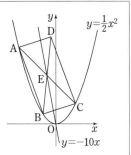

E は中点だから**方法B**です. そこで向かい合う頂点 A と C の座標を文字にします.

解法 （1） 点 A, C の x 座標をそれぞれ a, c とします. 傾きを利用すれば,

$$\frac{1}{2}(a+c)=-2 \quad \therefore \quad a+c=-4$$

さて, 点 E は AC の中点でその x 座標は,

$$\frac{a+c}{2}=\frac{-4}{2}=-2$$

この点は $y=-10x$ 上だから, **E$(-2, 20)$**

（2） （1）より直線 AC の式は, $y=-2x+16$

点 A, C は放物線上の点でもあるから,

$$\mathbf{A}(-8, 32), \mathbf{C}(4, 8)$$

（3） ひし形は対角線が直交する平行四辺形です.

すなわち, 直線 BD の傾きは $\dfrac{1}{2}$. これは点 E を通るから, その式は,

$$y=\frac{1}{2}x+21$$

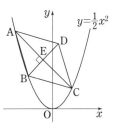

点 B はこれと放物線の交点だから,

B$(-6, 18)$

点 B と E$(-2, 20)$から, **D$(2, 22)$**

➡**注** AB=BC=CD=DA=$10\sqrt{2}$ となっています.

41

数学ワザ　ビギナーズ　17

座標平面上の‘直角’を上手に活かそう

関数とグラフ

座標平面上に現れる直角. これは次のように対処します.

I. ＜直線の傾きを利用する方法（☞p.5）＞
　（OA の傾き）×（OB の傾き）＝−1

II. ＜相似を利用する方法＞
　色のついた 2 つの三角形は相似で, 対応する辺は下図のようになっています.

ここで AO の傾きは −$\dfrac{\bigcirc}{\square}$, BO の傾きは $\dfrac{\square}{\bigcirc}$ で, $-\dfrac{\bigcirc}{\square}\times\dfrac{\square}{\bigcirc}=-1$ となって I が示せます.

I.
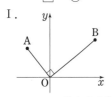

II.
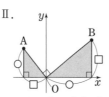

I, II のどちらが適している, というわけでもないので気楽に試してください.

さて問題です. まずは 2015 年の東邦大東邦（一部略）です.

問題 1. 右の図のように, 関数 $y=x^2$ のグラフ上に 2 点 A, B があり, 点 B の x 座標は点 A の x 座標より大きく, 直線 AB の傾きは 1 です.

∠AOB＝90° のとき, 点 B の x 座標を求めなさい.

A(a, a^2), B(b, b^2) とおきます.

解法　＜手法 I＞
直線 OA, OB の傾きはそれぞれ a, b です.
これから,
$$ab=-1 \quad \cdots ①$$
また直線 AB の傾きは 1 なので, 傾きの公式から, $1\times(a+b)=1$ より, $a=1-b$ …②
①へ②を代入することで,
$$b(1-b)=-1 \quad b^2-b-1=0$$
$b>0$ より, $b=\dfrac{1+\sqrt{5}}{2}$

＜手法 II＞
右図のようにすれば,
$$a^2:(-a)=b:b^2$$
$$a^2b^2=-ab$$
$$(ab)^2+ab=0$$
$$ab(ab+1)=0$$
∴ $ab=-1$
これは上の①と同じで, ②とあわせ同様に続けます.

続いて 2017 年の市川（一部略）です.

問題 2. $a>0$ とする.
原点を O とする座標平面上に, 2 つの放物線 $y=ax^2$ ……①,
$y=-\dfrac{a}{4}x^2$ ……② と,
直線 $y=3ax-2a$ …③ がある.

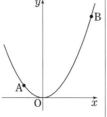

上の図のように, 放物線①と直線③の交点を A, B とし, 放物線②上にあり, 点 B と x 座標が等しい点を D とする.

このとき, 次の各問に答えなさい.
（1）　点 A, B の x 座標をそれぞれ求めなさい.
（2）　△BAD が ∠BAD＝90° の直角三角形となるとき, a の値を求めなさい.

42

解法 （1） $y=ax^2$ と $y=3ax-2a$ から y を消去し，$x^2-3x+2=0$

∴ $(x-2)(x-1)=0$ ∴ $x=1,\ 2$

よって求める x 座標は，A…**1**，B…**2**

（2） A$(1,\ a)$，B$(2,\ 4a)$，D$(2,\ -a)$ です.

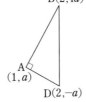

ここで直線 AB，AD の傾きはそれぞれ，$3a$，$-2a$ だから，手法 I から，

$3a\times(-2a)=-1$

$a^2=\dfrac{1}{6}$ ∴ $\boldsymbol{a=\dfrac{\sqrt{6}}{6}}$

続いての問題です.

問題 3. 右の図のように，放物線上に 2 点 A，B$(1,\ 1)$ があり，点 A の x 座標は 1 より大きいものとする.

ここで y 軸上にある点 C が，CA＝CB，∠ACB＝$90°$ であるとき，点 A の座標を求めよ.

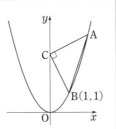

つまり △ACB は直角二等辺三角形です.

解法 右図において，

△AHC≡△CIB

放物線は $y=x^2$ より，点 A$(a,\ a^2)$ とすると，AH＝a，IB＝1 だから，

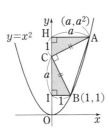

HI＝HC＋CI

$=1+a$ ……③

一方，点 A，B の y 座標の差をとれば，

HI＝a^2-1 ………………④

③，④から，$a^2-1=a+1$

$a^2-a-2=0$ $(a-2)(a+1)=0$

$a>1$ より，$a=2$ ∴ A$(2,\ 4)$

最後に 2015 年の巣鴨(一部略)です.

問題 4. 放物線 D：$y=x^2$ 上に点 A$\left(\dfrac{13}{12},\ \dfrac{169}{144}\right)$ をとる. 点 A を通り，傾き 3 の直線 l が放物線 D と点 A 以外で交わる点を B とし，点 B を通る直線 m が放物線 D と点 B 以外で交わる点を C とする. △ABC は上図のように，∠A＝$90°$，AB＝AC の直角二等辺三角形になった. このとき，次の各問に答えよ.

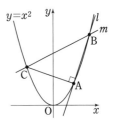

（1） 点 B の x 座標を求めよ.

（2） 直線 m の式を求めよ.

解法 直線 AB の傾きが 3 だから，△BAH にて k，$3k$ とおきます.

△BAH≡△ACI から，CI＝k，IA＝$3k$ となります. これにより CJ＝$4k$，BJ＝$2k$ だから，直線 CB の傾きは $\dfrac{1}{2}$ です.

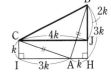

（1） 点 C の x 座標を t とします.

すると右図のように色のついた三角形を利用して考えれば，点 A，B の x 座標は順に，$t+3k$，$t+4k$ です.

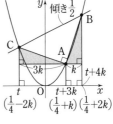

直線 CB の傾きの公式から，

$1\times\{t+(t+4k)\}=\dfrac{1}{2}$ ∴ $t=\dfrac{1}{4}-2k$

ここで直線 AB の傾きの公式を利用して，

$1\times\left\{\left(\dfrac{1}{4}+k\right)+\left(\dfrac{1}{4}+2k\right)\right\}=3$ ∴ $k=\dfrac{5}{6}$

よって答えは，$\dfrac{1}{4}+2k=\dfrac{1}{4}+2\times\dfrac{5}{6}=\dfrac{\boldsymbol{23}}{\boldsymbol{12}}$

（2） 点 C の x 座標は，$\dfrac{1}{4}-2k=-\dfrac{17}{12}$

∴ $\boldsymbol{y=\dfrac{1}{2}x+\dfrac{391}{144}}$

数学ワザ ビギナーズ 18

放物線と直線が繰り出す規則性

今回はまず次の問題です.

問題 1. 放物線 $y=x^2$ と，原点 O から始まる折れ線がある.

直線 OA の傾きは 1,
直線 AB の傾きは -1,
直線 BC の傾きは 1,
直線 CD の傾きは -1,
とし，以下同様に E，F，…ととるとき，次の各問に答えよ.

（1） 点 A の x 座標を a，点 B の x 座標を b，点 C の x 座標を c，点 D の x 座標を d とするとき，a，b，c，d の値を求めよ.

（2） 面積比 $\triangle\text{OAB} : \triangle\text{ABC} : \triangle\text{BCD}$ を求めよ.

放物線 $y=kx^2$ と直線 $y=mx+n$ の 2 つの交点の x 座標を p，q とするとき，これらの関係式は，$\boxed{k(p+q)=m,\ -kpq=n}$ ………（※）でした. このタイプの問題では欠かせません.

解法 （1） 直線 OA…$1\times(0+a)=1$
$\therefore$ $a=1$
直線 AB…$1\times(1+b)=-1$ $\therefore$ $b=-2$
直線 BC…$1\times(-2+c)=1$ $\therefore$ $c=3$
直線 BD…$1\times(3+d)=-1$ $\therefore$ $d=-4$
（2） まずは各直線の切片を求めておきます.
直線 OA…0
直線 AB…$-1\times1\times(-2)=2$
直線 BC…$-1\times(-2)\times3=6$
直線 CD…$-1\times3\times(-4)=12$
このようになっています.
これまでをまとめたものが【図 1】です.
さて，$\triangle\text{OAB}$，$\triangle\text{ABC}$，$\triangle\text{BCD}$ の面積はそれぞれ【図 2】，【図 3】，【図 4】に示しました.

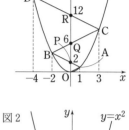
図1

すると，
$\triangle\text{OAB} : \triangle\text{ABC}$
$\quad : \triangle\text{BCD}$
$= \{1-(-2)\}\times2$
$\quad : \{3-(-2)\}\times6$
$\quad : \{3-(-4)\}$
$\qquad \times(12-2)$
$= 3\times2 : 5\times6 : 7\times10$
$= \mathbf{3 : 15 : 35}$

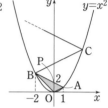
図2

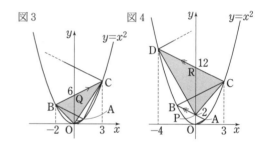
図3 図4

参考 この問いで，折れ線と放物線の各交点を O，A_1，A_2，A_3，…，A_n と置き直します.

ここで $S_1=\triangle\text{O}A_1A_2$，$S_2=\triangle A_1A_2A_3$，…，$S_n=\triangle A_{n-1}A_nA_{n+1}$ とすると，その面積は下図で，$\frac{1}{2}\times x\times y$ だから，

$$S_n=\frac{1}{2}\times\{(n+1)-(-n)\}$$
$$\times\{n(n+1)-(n-2)(n-1)\}$$
$$=\frac{1}{2}\times(2n+1)\times(4n-2)$$
$$=(2n+1)(2n-1)$$

となります.

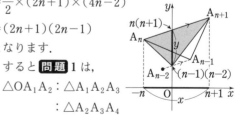

すると **問題 1** は，
$\triangle\text{O}A_1A_2 : \triangle A_1A_2A_3$
$\quad : \triangle A_2A_3A_4$
$=S_1 : S_2 : S_3=3\times1 : 5\times3 : 7\times5=\mathbf{3 : 15 : 35}$

続いての問題もこのタイプの頻出で，ある方法があります．

 **2.** 図のように，関数 $y=x^2$ のグラフと，原点 O から始まる折れ線がある．

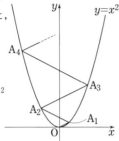

図で A_1，A_2，A_3，… は，折れ線と $y=x^2$ のグラフとの交点で，折れ線 OA_1，A_1A_2，A_2A_3，… の傾きは順に $\dfrac{1}{2}$，$-\dfrac{1}{2}$，$\dfrac{1}{2}$，$-\dfrac{1}{2}$ です．

このとき，次の各問に答えよ．

（1） 点 A_1，A_2，A_3，A_4 の各座標を求めよ．

（2） 折れ線の長さの和，
$OA_1+A_1A_2+\cdots+A_5A_6$ を求めよ．

（1）は 1 と同様に ※ を利用します．

解法 （1） 直線 $OA_1\cdots1\times(0+a_1)=\dfrac{1}{2}$

$a_1=\dfrac{1}{2}$　∴　$\mathbf{A_1}\left(\dfrac{1}{2},\ \dfrac{1}{4}\right)$

直線 $A_1A_2\cdots1\times\left(\dfrac{1}{2}+a_2\right)=-\dfrac{1}{2}$

$a_2=-1$　∴　$\mathbf{A_2(-1,\ 1)}$

直線 $A_2A_3\cdots1\times(-1+a_3)=\dfrac{1}{2}$

$a_3=\dfrac{3}{2}$　∴　$\mathbf{A_3}\left(\dfrac{3}{2},\ \dfrac{9}{4}\right)$

直線 $A_3A_4\cdots1\times\left(\dfrac{3}{2}+a_4\right)=-\dfrac{1}{2}$

$a_4=-2$　∴　$\mathbf{A_4(-2,\ 4)}$

（2） （1）を続けると規則性から，$A_6(-3,\ 9)$ となります．

ところでこれら折れ線は，傾きが $\dfrac{1}{2}$，$-\dfrac{1}{2}$ と規則的に繰り返されているばかりではなく，y 軸について対称です．このことから折れ線を裏返してつなげれば，【図5】のように O，A_1，<u>A_2，… は一直線になります</u>．

A_6 を移しかえた点を A_6' とし，求める長さの和を OA_6' とし，$\triangle OA_6'H$ の三平方から求めます．直線 OA_6' の傾きは $\dfrac{1}{2}$ だから，

$OH：A_6'H=2：1$ で，$OA_6'=\sqrt{5}\,A_6'H$ です．

そこで点 A_6' の y 座標は 9 だから，求める長さの和は $\mathbf{9\sqrt{5}}$ ．

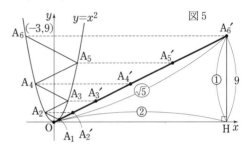

図5

まとめ

放物線 $y=ax^2$ 上に A_1，A_2，A_3，… をとり，

OA_1，A_2A_3，A_4A_5，… の傾き $\rightarrow t$
A_1A_2，A_3A_4，A_5A_6，… の傾き $\rightarrow -t$
とすると，A_1，A_2，A_3，… の x 座標は下図のようになる．

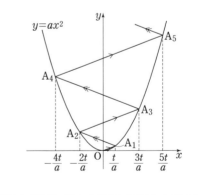

プロローグ②

‘補助線’と‘面積比’，あなたはどっち？

図形内の線分比を求める平面図形の問題があります．これは難関校を受験するのに，避けては通れない関門です．

その代表的な攻略法として‘補助線を引く’‘面積の比から遡（さかのぼ）る’という異なる方法があります．さて皆さんはどう料理しますか？

問題 1. 右図において，
DF：FC を求めよ．

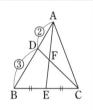

線分比を求める典型的なタイプで，ちょうどいい練習です．

＜補助線派＞　右図の点線がそれです．AE と平行に引きます．すると，
BG：GE＝BD：DA
＝3：2 だから，
BG：GE：EC＝3：2：5 となり，
　DF：FC＝GE：EC＝**2：5**

＜面積比派＞
　△ADE：△ACE
＝DF：FC（＊1）
に注目します（⇨注）．

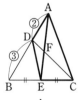

> ➡**注**　太線で分かれる図形の面積の比は，
> ⓐ：ⓑ
> ＝太線×ⓐ/2：太線×ⓑ/2
> ＝ⓐ：ⓑ＝a：b
> （網目の三角形同士は相似）

ここで，△ABC＝s とします．

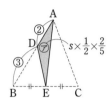

＊1より，㋐：㋑＝$\frac{1}{5}s$：$\frac{1}{2}s$＝**2：5**

➡**注**　補助線は，やみくもに引くのではなく，引き方にもコツがあります．
　既刊「数学ワザ 52」p.54 に載せているので，そちらを参考にしてください．

問題 2. 右図において，
DG：GF を求めよ．

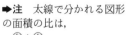

＜補助線派＞　AE と平行な補助線（点線）を活用します．BH：HE＝BD：DA＝2：1 だから，

HE＝②×$\frac{1}{3}$＝$\frac{②}{3}$

同様に，EI＝$\frac{⑫}{7}$

∴　DG：GF
＝HE：EI＝$\frac{2}{3}$：$\frac{12}{7}$
＝**7：18**

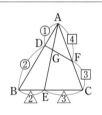

＜面積比派＞
　△ADE：△AFE
＝DG：GF（＊2）
　△ABC＝s として，

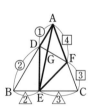

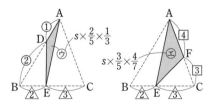

＊2 より，㋒：㋓＝$\dfrac{2}{15}s : \dfrac{12}{35}s$＝**7：18**

次は平行四辺形内の線分比です．

問題 3. 右図の平行四辺形において，MF：FB を求めよ．

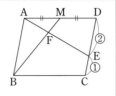

〈補助線派〉　AE，BC を延長し，G をとると，GC：AD
　＝CE：DE＝1：2
　網目の三角形から，
　MF：FB＝AM：GB＝**1：3**

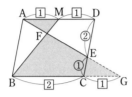

〈面積比派〉
　△MAE：△BAE
＝MF：FB（＊3）
　平行四辺形の面積を s として，

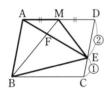

＊3 より，㋔：㋕＝$\dfrac{1}{6}s : \dfrac{1}{2}s$＝**1：3**

問題 4. 右図の平行四辺形において，FH：HG を求めよ．

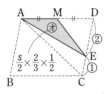

〈補助線派〉　右図のように延長します．すると，
　IA：IB＝AE：BM
＝①：②より，IA＝⑤，
同様に，
　JC：JD＝CM：DE
＝②：③より，JC＝⑩
となります．

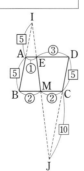

このことから右の図が描けます．
　網目の三角形から，
　FH：HG＝IF：JG
　＝⑧：⑭＝**4：7**

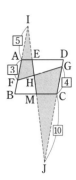

〈面積比派〉
　△EFM：△EGM
＝FH：HG（＊4）
　平行四辺形の面積を s とすると，

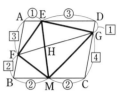

　△EFM＝Ⓐ台形 ABME
　　　　－（Ⓒ△AEF＋Ⓓ△FBM）
　△EGM＝Ⓑ台形 EMCD
　　　　－（Ⓔ△EGD＋Ⓕ△MCG）

　Ⓐ，Ⓑは右のようになり，順に残ったⒸ，Ⓓ，Ⓔ，Ⓕを次のようにして求めます．
　右下図はⒸです．このことから，

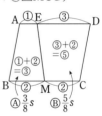

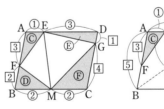

Ⓒ＝$\dfrac{3}{40}s$，Ⓓ＝$\dfrac{1}{10}s$，Ⓔ＝$\dfrac{3}{40}s$，Ⓕ＝$\dfrac{1}{5}s$

これらから，

　△EFM＝$\dfrac{3}{8}s－\left(\dfrac{3}{40}s＋\dfrac{1}{10}s\right)＝\dfrac{1}{5}s$

　△EGM＝$\dfrac{5}{8}s－\left(\dfrac{3}{40}s＋\dfrac{1}{5}s\right)＝\dfrac{7}{20}s$

＊4 より，$\dfrac{1}{5}s : \dfrac{7}{20}s$＝**4：7**

47

直角三角形の斜辺への中線の存在感

直角三角形の斜辺の中点 M をとり，中線 BM を引きます．このとき，次の性質が成り立ちます．

＜性質＊＞

右図において，M が斜辺 AC の中点ならば，

AM＝BM＝CM

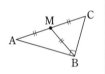

このことは以下の図から明らかです．

図 1 では色の付いた三角形は合同，図 2 は三角形の外接円を使ったものです．このようにして示すことができます．

【図1】

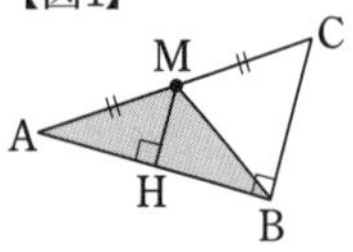

【図2】

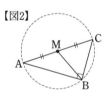

AB⊥MH とすれば
CB∥MH ∴ AH＝HB 点 M は外接円の中心.

それではさっそく，この性質を活かせる 2012 年の東京学芸大附属高の問題（一部略）をやってみます．

問題 1. 図の△ABC において，点 M は辺 BC の中点である．点 C から線分 AM にひ

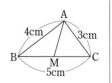

いた垂線と線分 AM との交点を D とするとき，線分 CD の長さを求めなさい.

「三平方の定理の逆」が成り立ち，∠A＝90° です．つまり＊より AM は $\frac{5}{2}$ cm です.

解法 $\triangle$AMC

$=\frac{1}{2}\times$AM$\times$CD

$3=\frac{1}{2}\times\frac{5}{2}\times$CD

$\therefore$ CD$=\frac{12}{5}$（cm）

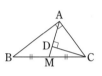

➡**注** △AMC において，
∠MAC＝∠MCA
△ADC≡△CEA から，
CD＝AE にもなっています.

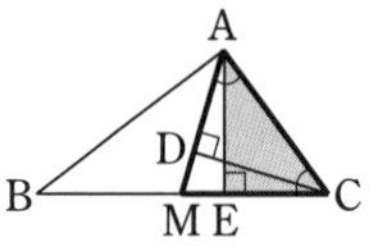

続いての 2002 年の筑駒高（一部略）も同様に，十分に力が発揮される一題です．

問題 2. 図 1 のような △ABC があります．辺 BC の中点 D をとり，図 2 のように，線分 AD を折り目として紙を折ります．

このとき，紙の重なった部分でできる図形の面積を求めなさい.

図1

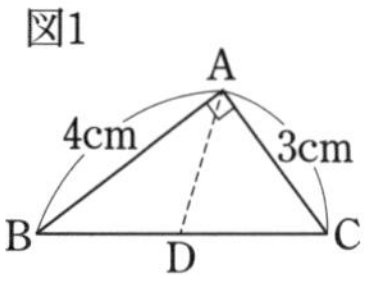

図2

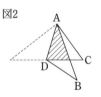

BC＝5cm だから，＊より AD は $\frac{5}{2}$ cm です.

解法 折り返しの性質より，∠BAD＝∠B'AD

これと二等辺三角形 ABD の∠D の外角を利用し，△ABE∽△DAE

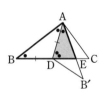

すると AB＝4，DA＝$\frac{5}{2}$ だから，これらの相似比は 8：5 です.

そこで AE＝8a とおけば，DE＝5a ……①

また，$BE = AE \times \dfrac{8}{5} = \dfrac{64}{5}a$ ………②

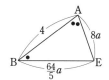

一方，$BE = BD + DE = \dfrac{5}{2} + 5a$ ……③ だから，②＝③より $a = \dfrac{25}{78}$

ここで頂点 A から DE へ下ろした垂線の長さは $\dfrac{12}{5}$ だから，$\triangle ADE = \dfrac{1}{2} \times ① \times \dfrac{12}{5}$

$= \dfrac{1}{2} \times \left(5 \times \dfrac{25}{78} \right) \times \dfrac{12}{5} = \dfrac{25}{13}$ (cm²)

こうして求めることができます．

ところで先ほどの＊の逆も言えます．

＜性質＊の逆＞
　右図において，
$AM = BM = CM$
ならば，
　　$\angle A = 90°$

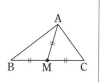

右図のようにすれば，
$\circ + \bullet = 90°$
であることから，上記
が示せます．

言われてみれば当たり前ですが，普段から慣れておかないと，試験場でとっさには浮かばないかもしれませんね．

ここからは上記の性質の活用です．

問題 3. 図の正方形 ABCD において，点 M は辺 BC の中点である．
　図の AM 上の D′は，EC を折り目としてこの正方形を折り，頂点

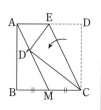

D が線分 AM に重なった点である．このとき，AE : ED を求めよ．

解法　DC の延長と AM の延長の交点を F とすれば，BM＝MC から，
　　DC（＝AB）＝CF
また，D′C＝DC より，
　　DC＝CF＝D′C
このことにより，＊の逆が成り立って，
　　$\angle DD'F = 90°$ ……④
となります．

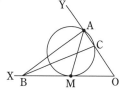

　一方，折り返しの対称性より EC⊥DD′ …⑤ がいえるから，④，⑤より，EC∥AF
　　∴　AE : ED＝FC : CD＝**1 : 1**

そして最後の問題です．

問題 4. 図の円は，線分 OX と点 M で接し，線分 OY とは O に近い方から点 C，A で交わっている．
　また点 B は OX 上の点で，O からは M より遠くにある．
　OM＝AM＝BM＝5，OA＝6 のとき，$\triangle ABC$ の面積を求めよ．

解法　題意より＊の逆が成り立つので，
　　$\angle OAB = 90°$
すると $\triangle ABO$ は直角三角形だから，AB＝8
　また方べきの定理より，OC×OA＝OM²
だから，OC＝$\dfrac{25}{6}$ より CA＝$\dfrac{11}{6}$
　つまり直角三角形 ABC の面積は，
$$\dfrac{1}{2} \times 8 \times \dfrac{11}{6} = \dfrac{22}{3}$$

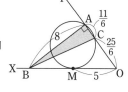

49

色褪せない，頂角45°と垂線から生み出される合同

今回はまず次の問題を紹介しましょう．1988年の筑波大附属です．

問題 1. ∠A＝45°の△ABCがある．頂点Aから辺BCへ垂線をひき，辺BCとの交点をDとすると，BD＝2cm，DC＝4cmになった．このとき，頂点Bから辺ACへ垂線をひき，ADとの交点をEとするとき，AEは何cmか．

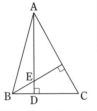

寸法などを書き入れると，右図のようになっています．

➡注 頂点Bから辺ACへ下ろした垂線の足をFとしました．

みなさん，直角二等辺三角形に気付きますか？

45°を利用して，右の太線で囲んだ**直角二等辺三角形**でAF＝BF(…①)を使います．

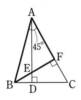

解法 △AEFと△BEDの内角に着目すれば，
∠AFE＝∠BDE＝90°
∠AEF＝∠BEDから，
∠FAE＝∠DBE
これと①より，
$\boxed{\triangle \text{AEF} \equiv \triangle \text{BCF}}$
となります．
このことから，
AE＝BC＝**6**（**cm**）

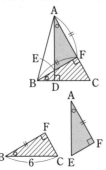

45°から生み出される'合同'に気づきましたか．一見みえにくいものなので，練習が必要です．

続いては1997年の中大附属です．

問題 2. 右図において，AB⊥CE，AC⊥BD，点FはBD，CEの交点，∠ABC＝45°，AE：EB＝1：2，AC＝5である．このとき，AFの長さを求めよ．

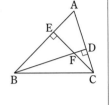

見えてくる**直角二等辺三角形**は右図のようになり，EB＝EC(…②)です．

解法 題意より，AE＝x，EB＝2xとします．
ここで②より，EC＝EB＝2xです．

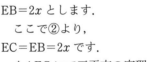

△AECにて三平方の定理より，$5^2＝x^2＋(2x)^2$
∴ $x＝\sqrt{5}$
さて，△EBFと△DCFの内角に着目すると，
∠BEF＝∠CDF＝90°
∠BFE＝∠CFDから，
∠EBF＝∠DCF
これと②より，
$\boxed{\triangle \text{EBF} \equiv \triangle \text{ECA}}$
となります．

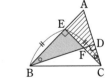

このことから，
EF＝EA＝$\sqrt{5}$
すると△AEFは直角二等辺三角形になるから，
AF＝$\sqrt{2}$EA＝$\sqrt{10}$

合同のうまい利用でしたね．
続いての問題です．

平面図形

問題 3. 右図の1辺
が4の正方形 ABCD
がある．いま，DC
の延長上に CE＝2
となる点 E をとり
BE を結ぶ．

　点 D から BE へ
垂線 DF をひき，BC との交点を G とする
とき，BG：GC を求めよ．

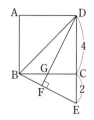

解法　仮定から，BC＝DC（…③）です．

　ここで，△BGF と △DGC の内角に着目す
ると，∠BFG＝∠DCG＝90°

　　　　∠BGF＝∠DGC
から，

　　　∠GBF＝∠GDC
これと③より，

　　　△BEC≡△DGC
となります．

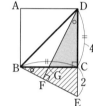

　よって，GC＝EC＝2 だから，

　BG：GC＝（4－2）：2＝**1：1**

　最後は1997年の早大学院（一部略）です．

問題 4.　∠B＝45°
である鋭角三角形
ABC において，
頂点 B，C からそ
れぞれ対辺に垂線
BD，CE をひき，
BD と CE の交点を F とする．

　AD＝3，CD＝2 であるとき，
（1）　線分 BD の長さを求めよ．
（2）　線分 ED の長さを求めよ．

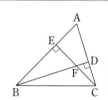

　右図の**直角二等辺
三角形**が見えます．
EB＝EC（…④）です．

解法　△EBF と
△DCF の内角に着目
すると，
∠BEF＝∠CDF＝90°
∠BFE＝∠CFD から，

　　∠EBF＝∠DCF
　これと④より，
　　△EBF≡△ECA　∴　BF＝CA＝5

（1）　右図で，
△ABD∽△FCD で，
DF＝x と置けば，
AD：DB＝FD：DC
　3：（x＋5）＝x：2
　$x^2＋5x－6＝0$
　$(x＋6)(x－1)＝0$
　∴　x＝1　∴　BD＝BF＋FD＝5＋1＝**6**

（2）　4点 E，B，C，D は同一円周上にある
から（ビギナーズ19），
△DEF∽△CBF
　　　　（…⑤）
　ここで △DFC で，
FD＝1，DC＝2 だか
ら，FC＝$\sqrt{5}$
　△DBC で，DB＝6，
DC＝2 だから，BC＝$2\sqrt{10}$
　⑤より，ED：DF＝BC：CF
　ED：1＝$2\sqrt{10}$：$\sqrt{5}$　∴　ED＝$2\sqrt{2}$

　右のようにして，
BD の長さを求める
こともできます．
　BA，BC に関し点
D と対称に D′，D″
をとると，∠B＝90°
だから D′BD″G は正
方形となります．その一辺は BD（＝a）．

　そこで，△GAC にて三平方の定理より，
　　$(a－3)^2＋(a－2)^2＝5^2$
　　∴　a＝**6**

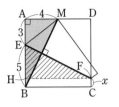

$\boxed{\triangle AMB \equiv \triangle HEF}$
より，$AM = HE$……④
$\therefore\ x = FC = HB$
$= EB - EH$
$= (8 - a) - ④$
$= 5 - 4 = 1$

数学ワザ　ビギナーズ 21

正方形内に 辻ができるとき

<性質>　右図の正方形 ABCD で，$PQ \perp RS$ であるとき，
$$PQ = RS$$

証明　点 Q，R から対辺へ垂線をひきます．

➡注　すると，$QH \perp RI$
ここで，$\triangle QGF$ と $\triangle REF$ の内角に注目して，
$\angle QGF = \angle REF = 90°$
$\angle QFG = \angle RFE$ から，
$\angle GQF = \angle ERF$…①
次に $\triangle PQH$ と $\triangle SRI$ において，
$\angle PHQ = \angle SIR = 90°$…②，$QH = RI$…③だから，
①，②，③より，$\boxed{\triangle PQH \equiv \triangle SRI(☆)}$
よって，$PQ = RS$ になります．

性質☆は‘折り返し図形’で威力を発揮します．それではやってみましょう．

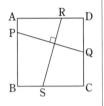

$\boxed{問題}$ **1.** 1辺8の正方形を，右図のように折り返した．
このとき x の値を求めよ．

解法　$AE = a$ として，$\triangle AEM$ にて三平方の定理より，$a = 3$
ここで折り返しの性質から，点 B と M は，折り目 EF について対称だから，$EF \perp MB$ です．
F から AB へ垂線 FH をひけば，☆と同様に，

続いても正方形の折り返しです．

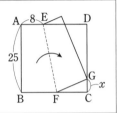

$\boxed{問題}$ **2.** 1辺25の正方形を，右図のように折り返した．
このとき x の値を求めよ．

問題1の逆をたどります．

解法　折り返しの性質より，点 B と G は折り目 EF について対称だから，$EF \perp BG$ です．
そこで E から BC へ垂線 EH をひけば，☆と同様に，$\boxed{\triangle EHF \equiv \triangle BCG}$
よって $HF = CG$…⑤
そこで $\triangle GFC$ で三平方の定理を用います．
$GF = BF = BH + HF$
$= 8 + ⑤ = 8 + x(…⑥)$
$FC = BC - BF = 25 - ⑥ = 17 - x$
これより，
$(8 + x)^2 = (17 - x)^2 + x^2 \quad \therefore\quad x = 5$

素材が直角二等辺三角形でも同じです．

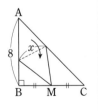

$\boxed{問題}$ **3.** 直角をはさむ辺が8の直角二等辺三角形がある．これを図のように折り返した．
このとき x の値を求めよ．

52

解法 右図のように，
EB＝a とし，△EBM で
三平方の定理より，

$$(8-a)^2=a^2+4^2$$
$$\therefore \quad a=3$$

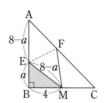

そこで問題の直角二等
辺三角形を，右図のよう
に正方形の一部とみなし
ます．

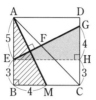

ここで EF を延長し，
正方形の辺 DC との交
点を G，また E から DC
へ下ろした垂線を EH とします．

AM⊥EF より，☆と同様にして，
△ABM≡△EHG だから，

　　AM＝EG…⑦，BM＝HG…⑧．

ここで⑦を使い，EG の長さを準備します．
AM は △ABM にて三平方の定理より，

$$AM^2=8^2+4^2 \quad \therefore \quad AM=(EG=)4\sqrt{5}$$

ここで，△AEF∽△CGF の相似比を導きます．

　　AE＝8－a＝8－3＝5
　　GC＝GH＋HC＝⑧＋EB＝4＋3＝7

だから，

　　EF：FG＝AE：CG＝5：7

$$\therefore \quad x=EF=EG\times\frac{5}{12}=4\sqrt{5}\times\frac{5}{12}=\frac{5\sqrt{5}}{3}$$

最後の直角三角形も，手法は **問題** 3 と同じ
です．2017 年の青山学院です．

問題 4. 図のように，
AB＝4cm，BC＝3cm，
∠B＝90°である △ABC
を線分 PQ で折り曲げ
て，頂点 A が辺 BC 上
の点 D に重なるように
したところ AB∥QD となった．

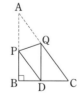

（1） 線分 AP の長さを求めよ．
（2） △PDQ の面積を求めよ．
（3） 線分 PQ の長さを求めよ．

解法 （1） まず AC＝5 です．

そこで図のように，AQ＝QD＝a とすると，
△ABC∽△QDC から，

$$QC=\frac{5}{4}a, \quad DC=\frac{3}{4}a$$

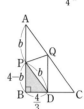

そこで，AC の長さを
利用すれば，

$$a+\frac{5}{4}a=5$$

$$\therefore \quad a=\frac{20}{9}$$

$$BD=3-\frac{3}{4}\times\frac{20}{9}=\frac{4}{3}$$

さて AP＝b として，
△PBD にて三平方の定理より，

$$b^2=(4-b)^2+\left(\frac{4}{3}\right)^2 \quad \therefore \quad AP=b=\frac{20}{9} \textbf{(cm)}$$

（2） △PDQ は，QD を底辺とします．そこ
で P から QD へ下ろした垂線は BD と等しい
ので，

$$\frac{1}{2}\times QD\times DB=\frac{1}{2}\times\frac{20}{9}\times\frac{4}{3}=\frac{40}{27} \textbf{(cm}^2\textbf{)}$$

（3） 右図のような
正方形を用意します．

AD⊥PG から，☆
と同様にして，

　　△ABD≡△PHG
　　AD＝PG………⑨，
　　BD＝HG

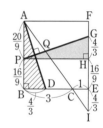

まず PG の長さは⑨を利用して，△ABD か
ら，

$$PG=AD=\frac{4\sqrt{10}}{3}$$

ここで △ABC∽△IEC から，EI＝$\frac{4}{3}$

これより，△APQ∽△IGQ で，

$$PQ:GQ=AP:IG$$
$$=\frac{20}{9}:\left(\frac{4}{3}+\frac{16}{9}+\frac{4}{3}\right)$$
$$=\frac{20}{9}:\frac{40}{9}=1:2$$

$$\therefore \quad PQ=PG\times\frac{1}{3}=\frac{4\sqrt{10}}{3}\times\frac{1}{3}=\frac{4\sqrt{10}}{9} \textbf{(cm)}$$

数学ワザ ビギナーズ 22

'回転系合同' に注目しよう

平面図形

図のように、合同な
図形が'頂点を共有す
る回転移動の配置'に
なっているとき、ここ
では**回転系合同**と呼ぶ
ことにします.

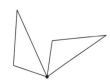

よくよく調べると、回転系合同の配置の出題
はとても多いことに気付かされます.

例えば右図で、
△ABC と△ECD
が共に正三角形で
あるとき、
△ACD≡△BCE
(☞注)で、この
合同な図形は点 C
を中心とした**回転系合同**です.

（★）

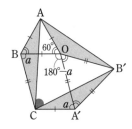

この構図はとても有名ですね.

　➡注　AC=BC, CD=CE,
　　　∠ACD=∠ACE+60°=∠BCE

それでは回転系合同を駆使した、次の問題を
やってみましょう.

問題 1. 平行四
辺形 BCA'O, 正
三角形 ABO, 正
三角形 A'B'O が
右図のようにあ
る. このとき、
∠ACB'=60°
であることを示しなさい.

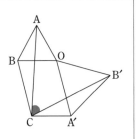

A と B'を結びます. △ACB'は？

解法　平行四辺形において、∠OBC=a とする
と、∠BOA'=180°-a
すると図より、
　∠AOB'=a+60°
が成り立ちます.
　ここで、
　AB=CA'=AO,
　BC=A'B'=OB',
　∠ABC=∠CA'B'=∠AOB'=a+60°
より、△ABC≡△CA'B'≡△AOB'

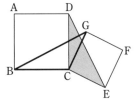

よって、AC=CB'=AB'から、△ACB'は正
三角形となり、∠ACB'=60°

　➡注　△ABC と△AOB'は点 A を中心とした回
転系合同. △AOB'と△CA'B'は点 B'を中心とし
た**回転系合同**です.

次に正方形でも考えてみましょう.
正方形 ABCD と
正方形 GCEF が右
図のようにあると
き、
　△BCG≡△DCE
(☞注)で、この合
同な図形は点 C を中心とした**回転系合同**です.

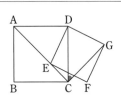

　➡注　BC=DC, CG=CE,
　　　∠BCG=∠DCG+90°=∠DCE

このことを利用したのが、2019 年の愛知県
の問題(一部略)です.

問題 2. 図で、四
角形 ABCD は正方
形であり、
E は対角線 AC
上の点で、
AE>EC である. また、F, G は四角形
DEFG が正方形となる点である. ただし、
辺 EF と DC は交わるものとする.
　このとき、∠DCG の大きさを求めなさ
い.

方針は，**回転系合同を見つけること**です．

解法 △ADE と
△CDG において，

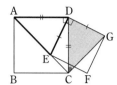

AD＝CD，

DE＝DG，

∠ADE

＝90°－∠EDC＝∠CDG

以上より，2組の辺とその間の角がそれぞれ
等しく，△ADE≡△CDG

これより，合同な図形の対応する角はそれぞ
れ等しいから，

∠DCG＝∠DAE＝90°÷2＝**45°**

この問題では，点 D を中心とした回転系合
同を活かしました．皆さん，もうだいぶ慣れて
きましたか？

続いて 2020 年の岐阜県の問題(一部略)です．

問題 **3.** 右図で，
△ABC は
∠BAC＝90°

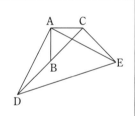

の直角二等辺三
角形であり，
△ADE は
∠DAE＝90°の直角二等辺三角形である．
また，点 D は辺 CB の延長線上にある．

AB＝AC＝$\sqrt{2}$ cm， AD＝AE＝3cm の
とき，次の（1），（2）の問いに答えなさい．

（1） DE の長さを求めなさい．

（2） BD の長さを求めなさい．

△ABC，△ADE は正方形の半分です．直角
二等辺三角形の**回転系合同**とみてもいいですし，
拡大して正方形をイメージして探すのもよいで
しょう．

解法 （1） △ADE は直角二等辺三角形だか
ら，DE＝$\sqrt{2}$×AD＝3$\sqrt{2}$ （**cm**）

（2） △ABC は直角二等辺三角形だから，

BC＝$\sqrt{2}$×AB＝$\sqrt{2}$×$\sqrt{2}$＝2 (cm)

ここで，

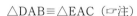

AD＝AE，

AB＝AC，

∠DAB

＝90°－∠BAE

＝∠EAC より，

△DAB≡△EAC（☞注）

よって，DB＝EC＝x とします．

さてここで，

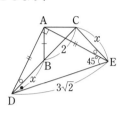

∠ADB＝∠AEC＝○，

∠CDE＝●

とすると，

∠ADE＝○＋●

＝45°

よって，△CDE で，∠DCE＝90°

(A，D，E，C が共円であることを利用しても
よいでしょう．)

△CDE で三平方の定理から，

$(x+2)^2+x^2=(3\sqrt{2})^2$

これを解くと，$x>0$ より，

$\boldsymbol{x=-1+2\sqrt{2}}$ （**cm**）

➡注 点 A を中心とした**回転系合同**です．

最後に，円内に現
れる回転系合同を1
つ紹介します．

右の図で，
AB＝AC，BD∥EC
のとき，

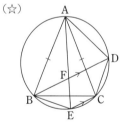

△ABF≡△ACD と
なります．つまり，点 A を中心とする**回転系
合同**となっています．

その理由は，

∠BAE＝∠BCE
＝∠CBD＝∠CAD
また，

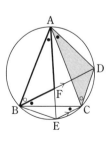

∠ABD＝∠ACD

これらと AB＝AC
から三角形の合同が
いえます．

知っておくといいでしょう．

'回転系相似'を
使いこなそう

右図のような，点Pを
中心とした，三角形の回
転系合同があります．

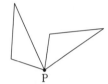

するとそこには，下図のような（太線で囲んだ）相似な三角形の組が生まれます（☞注）．

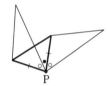 

➡注　太枠で囲んだ2つの三角形は，頂角が共に
○＋●の二等辺三角形だから，2組の辺の比とその間の角がそれぞれ等しい．

このように，1つの頂点（ここでは点P）を共有する相似の組を，ここでは**回転系相似**と呼ぶことにします．
　すると，次の事柄がいえます．

> Ⅰ．回転系合同には，同じ中心を持つ**回転系相似**が潜んでいる．

例えばp.54の図★を見てください．ここで扱ったのは，△ACD≡△BCEという'点Cを中心とした回転系合同'ですが，その元になった二つの正三角形は相似ですから，△ABC∽△DECは'点Cを中心とした回転系相似'になっています．
　このように，点Cを中心にして，

$$\triangle ACD \equiv \triangle BCE \Rightarrow \triangle ABC \backsim \triangle DEC$$

という関係がみられます．

もしp.55の問題3.の図ならば，点Aを中心とした，

$$\triangle ADB \equiv \triangle AEC \Rightarrow \triangle ADE \backsim \triangle ABC$$

同ページの図☆ならば，

$$\triangle ABF \equiv \triangle ACD \Rightarrow \triangle ABC \backsim \triangle AFD$$

がいえます．

続いて右図を見てください．これは点Pを中心とした回転系相似の組で，その相似比を$1:k$とします．

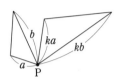

すると図のような，太枠と色付きの三角形どうしが，点Pを中心とした回転系相似になっています．

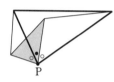

つまり，次のように言えます．

> Ⅱ．回転系相似には，同じ中心を持つ別の**回転系相似**が潜んでいる．

特にⅡは，解法に行き詰った際に，大きな威力を発揮してくれることがあります．

さて，次の問題1.では，Ⅱが実感できます．

問題 1. 図において，
BD∥ECであるとき，相似な三角形を2組みつけなさい．

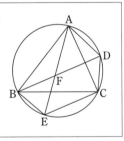

解法　△ABF∽△ACD ……………………⑦
〔理由〕　∠ABD＝∠ACD（$\overset{\frown}{AD}$ の円周角）…①
　　∠BAE＝∠BCE（$\overset{\frown}{BE}$ の円周角）
　　　　＝∠CBD（BD∥EC）
　　　　＝∠CAD（$\overset{\frown}{DC}$ の円周角）………②
①，②より，2組の角がそれぞれ等しくなる．

平面図形

△ABC∽△AFD ……………………⑦

〔理由〕 ∠ADB＝∠ACB（$\overset{\frown}{AB}$ の円周角）…③

∠ABC＝∠AEC（$\overset{\frown}{AC}$ の円周角）

＝∠AFD（BD∥EC）…………④

③，④より，2組の角がそれぞれ等しくなる．

⑦ 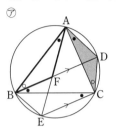 ⑦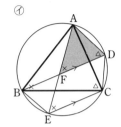

いかがですか．⑦の△ABF∽△ACD の対応する辺の比をとると，

AB：AC＝AF：AD

AB：AF＝AC：AD

一方，⑦の△ABC∽△AFD からも，

AB：AC＝AF：AD

AB：AF＝AC：AD

という同じ式ができあがります．

いずれにしても，2組にはとても密接な関係があることがわかります．⑦と⑦も点 A を中心とする**回転系相似**です．

ここからは，p.58，59 の'ツイン相似'とのコラボです．

問題 2. 右図で BC∥AE のとき，△DCA∽△ABF を示せ．

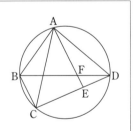

解法 ∠ACD

＝∠AGD

（$\overset{\frown}{AD}$ の円周角）

さて，

∠DAC

＝∠DBC

（$\overset{\frown}{DC}$ の円周角）

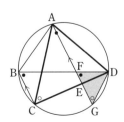

BC∥AE から， ∠DBC＝∠DFG

よって， ∠DAC＝∠DFG

以上より， △DCA∽△DGF

これは点 D を中心とする**回転系相似**です．

続いてツイン相似は，

$\overset{\frown}{AD}$ の円周角から，

∠AGD＝∠ABD

∠DFG＝∠AFB

△DGF∽△ABF

これらより，

△DCA∽△ABF

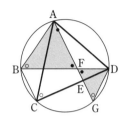

問題 3. 右図で円の中心を O とするとき，△ADB∽△DFE を示せ．

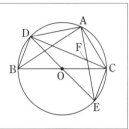

解法 ∠DBA

＝∠DCA

（$\overset{\frown}{AD}$ の円周角）

さて，

∠DAB＝∠DCB

（$\overset{\frown}{DB}$ の円周角）

OC＝OD から，

∠DCB＝∠CDE

∠CDE＝∠CAE（$\overset{\frown}{CE}$ の円周角から）

よって， ∠DAB＝∠CAE

以上より， △ADB∽△AFC

これは点 A を中心とする**回転系相似**です．

続いてツイン相似．

$\overset{\frown}{AD}$，$\overset{\frown}{CE}$ の円周角から，

△AFC∽△DFE

これらより，

△ADB∽△DFE

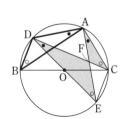

57

円に内接する四角形の 'ツイン相似形' は語る

円周角の定理(右図)により，円内の四角形について，下の2組の相似な三角形が生まれます.

<ツイン相似>

Ⅰ.　　　　Ⅱ.

今回はこの円内の2組の相似形が主役です.

まずは次の問題で確認です.

問題 1. 右図において，DA＝3，AB＝4，BC＝5，CD＝6のとき，AE：BE：CE：DE を求めよ.

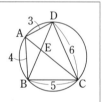

解法 <ツイン相似>Ⅰ，Ⅱを書き出します.

①　　　　　　②

△ABE∽△DCE
の相似比は 2：3

△ADE∽△BCE
の相似比は 3：5

これら相似比の絡め方がポイントです.

その策は，AE＝2a と置くことから始まります.

③　①より，　　④　②より，

③，④の組み合わせから，残った BE は，再び①の相似比に戻り，

$$x：5a＝2：3$$
$$x＝\frac{10}{3}a$$

以上により，

AE：BE：CE：DE
$$＝2a：\frac{10}{3}a：5a：3a＝\mathbf{6：10：15：9}$$

➡**注** AE：BE：CE：DE
＝AD×AB：BA×BC：CB×CD：DC×DA
が成り立つ.

ここからは入試問題の2題です. 2008年，法政女子(一部略)です.

問題 2. 図のように，円 O に内接する△ABC がある. AB＝10，BC＝8 とし，円 O の半径が 8 で，BO の延長と円周との交点を E とする.

直径 BE と辺 AC の交点を D とするとき，$\dfrac{DE}{BD}$ の値を求めよ.

解法 円の半径は 8 だから，BE＝16 です. これより CE＝$8\sqrt{3}$，AE＝$2\sqrt{39}$ となります.

<ツイン相似>Ⅰから，

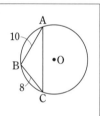

△ABD∽△ECD の相似比は 10：$8\sqrt{3}$

平面図形

なので，AD$=10a$ と置
けば，ED$=8\sqrt{3}\,a$ です．

続いて II から，

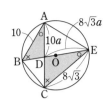

> △AED∽△BCD の
> 相似比は $2\sqrt{39}:8$

だから，

$$BD=10a\times\frac{8}{2\sqrt{39}}$$

$$=\frac{40}{\sqrt{39}}a$$

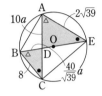

すなわち，

$$DE:BD=8\sqrt{3}\,a:\frac{40}{\sqrt{39}}a$$

$$=3\sqrt{13}:5$$

$$\therefore \quad \frac{DE}{BD}=\frac{3\sqrt{13}}{5}$$

続いては 2015 年，洛南(一部略)です．

> **問題** 3. 図のように，円に内接している
> 五角形 ABCDE がある．
> AB$=4$，BD$=8$ で，四
> 角形 ACDE は正方形で
> ある．このとき，次の
> 問いに答えよ．
> （1） AC の長さを求めよ．
> （2） BC の長さを求めよ．

解法 （1） ∠ACD$=90°$ より，∠ABD$=90°$
とわかります．

またADはこの円の
直径だから，

$$AD=\sqrt{4^2+8^2}$$

$$=4\sqrt{5}$$

ここで△ACDに注目すれば，AC$=$DC から，

$$AC=4\sqrt{5}\times\frac{1}{\sqrt{2}}=2\sqrt{10}$$

ここから＜ツイン相似＞の出番です．

（2） DC$=$AC$=2\sqrt{10}$ より，II の相似が使え
ます．AC と BD の交点
を F とすれば，

> △BAF∽△CDF の
> 相似比は $4:2\sqrt{10}$

です．

そこで BF$=4a$ と置
けば，CF$=2\sqrt{10}\,a$

すると，

$$AF=AC-FC$$
$$=2\sqrt{10}-2\sqrt{10}\,a$$
$$DF=DB-FB$$
$$=8-4a$$

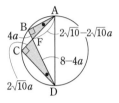

再び上記の相似から，

$$(2\sqrt{10}-2\sqrt{10}\,a):(8-4a)=4:2\sqrt{10}$$

整理すれば，$a=\dfrac{1}{3}$

このことにより，下図のようになります．

$$BF=4\times\frac{1}{3}=\frac{4}{3}$$

$$AF=2\sqrt{10}-2\sqrt{10}\times\frac{1}{3}=\frac{4\sqrt{10}}{3}$$

その上で I の相似を
利用し，

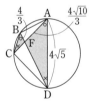

> △BCF∽△ADF の
> 相似比は $\dfrac{4}{3}:\dfrac{4\sqrt{10}}{3}$

より，BC:AD

$$=\frac{4}{3}:\frac{4\sqrt{10}}{3}=1:\sqrt{10}$$

AD$=4\sqrt{5}$ だったから，BC$=\boldsymbol{2\sqrt{2}}$

このツイン相似から，
　‘方べきの定理’
を示すことができます．

右図で，△APB∽△CPD
より，AP:PB$=$CP:PD

$$\therefore \quad AP\times PD=BP\times PC$$

三角形の裏返しの相似に注意する

ここからは右図の，
△ACD∽△ABE
を利用します．

$\quad$ AC：AD＝AB：AE

$\quad$ $8\sqrt{2}$：8＝14：AE

$\therefore$ $\quad$ AE＝$\mathbf{7\sqrt{2}}$

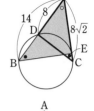

右図で，太線で示した三角形と，色の付いた三角形は相似になります．

まずは2題やってみましょう．（2）は2013年の愛光(一部略)です．

問題 1.

（1） 右図で，BC がこの円の直径であるとき，AE の長さを求めよ．

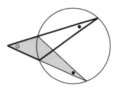

（2） 右の図において，四角形 ABCD は円に内接しており，AC は円の直径で，

$\quad$ 弧 AD：弧 DC ＝1：2

である．また，点 E は直線 AB，CD の交点で，AD＝$\sqrt{3}$，DE＝2である．このとき，線分 AB の長さを求めなさい．

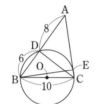

解法 （1） まず AC の長さを求めます．

BC は円の直径だから，
∠BDC＝90°

よって，△DBC にて三平方の定理より，DC＝8

さらに △ADC にて三平方の定理より，AC＝$8\sqrt{2}$

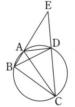

（2） AC は円の直径だから，∠ADC＝90°

これより，△EAD において EA＝$\sqrt{7}$

また ∠ABC＝90°で，

$\quad$ 弧 AD：弧 DC

$\quad$ ＝∠ABD：∠DBC

$\quad$ ＝1：2だから，

$\qquad$ ∠ABD＝30°

$\qquad$ ＝∠ACD

するとつまり，

△ADC で，AD：DC＝1：$\sqrt{3}$

よって，DC＝3

そこで，
△EAC∽△EDB
を利用します．

$\quad$ EA：EC＝ED：EB

$\quad$ $\sqrt{7}$：5＝2：EB

$\therefore$ $\quad$ EB＝$\dfrac{10\sqrt{7}}{7}$

$\therefore$ $\quad$ AB＝EB－EA＝$\dfrac{10\sqrt{7}}{7}-\sqrt{7}=\mathbf{\dfrac{3\sqrt{7}}{7}}$

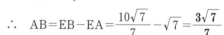

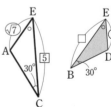

➡**注** 方べきの定理（＊）を使うこともできます．

（1） AD×AB＝AE×AC

（2） EA×EB＝ED×EC

続いての問題です．

平面図形

問題 2. 右図で、4点B, C, D, E は同一円周上にあり、線分 CE はこの円の直径である．次のものをそれぞれ求めよ．

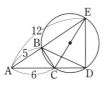

（1） AD の長さ　　（2） ED の長さ
（3） 円の半径　　（4） BD の長さ

解法 （1） 右図より、

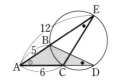

$\boxed{\triangle AEC \backsim \triangle ADB}$ を利用します．

AE : AC
= AD : AB（☞注）
12 : 6 = AD : 5　∴　**AD = 10**

 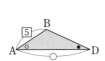

（2） CE は直径だから∠CDE = 90°
△EAD で三平方の定理より、AE = 12、AD = 10 だから、**ED = $2\sqrt{11}$**

（3） △ECD で三平方の定理より、ED = $2\sqrt{11}$、CD = AD − AC = 10 − 6 = 4 だから、CE = $2\sqrt{15}$
よって半径は、$\sqrt{15}$

（4） 再び(1)の相似形を利用します．
AC : EC
= AB : DB
6 : $2\sqrt{15}$
= 5 : DB
∴　**BD = $\dfrac{5\sqrt{15}}{3}$**

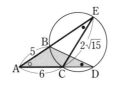

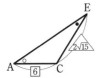

➡注　方べきの定理（＊）では、
AB × AE = AC × AD

最後の問題です．

問題 3. 下図において、△ABC が正三角形で、

DB = 10,
DE = $\dfrac{80}{7}$,
EC = $\dfrac{48}{7}$

のとき、この円の半径を求めよ．

解法　右図より、

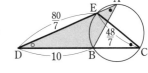

$\boxed{\triangle EDC \backsim \triangle BDA}$ を利用し、AB の長さを求めます．

DE : EC
= DB : BA
$\dfrac{80}{7}$: $\dfrac{48}{7}$ = 10 : BA　∴　BA = 6

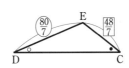 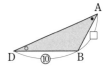

以上より、△ABC は1辺が6の正三角形とわかります．

そこで、この円の中心 O は △ABC の重心と一致するから、

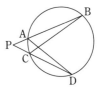

AO : OH = 2 : 1
AH = $3\sqrt{3}$ から、AO = $3\sqrt{3} \times \dfrac{2}{3}$ = **$2\sqrt{3}$**

今回紹介した相似形は、"方べきの定理"のもとにもなっています．
△PAD ∽ △PCB より、
PA : PD = PC : PB
∴　PA × PB = PC × PD
……………＊

61

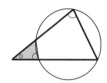

数学ワザ | **ビギナーズ** | **26**

まだある，三角形の裏返しの相似

右図で，太線で示した三角形と，色の付いた三角形は相似になります.

まずは 2015 年の市川(一部略)です.

問題 1. 右の図のように，円 O の外に点 P がある．点 P から円と 2 点で交わるような直線を 2 本引き，直線と円 O との交点を P に近い方からそれぞれ A と B，C と D とする．AB＝AC，BD＝CD＝3cm，PC＝2cm とするとき，
（1） 線分 AB の長さを求めなさい.
（2） 円 O の半径を求めなさい.

解法 AB＝AC，BD＝CD，DA が共通だから，
  △ABD≡△ACD
ここで，円に内接する四角形の性質から，
∠ABD＋∠ACD＝180°だから，
∠ABD＝∠ACD＝90°がいえます.
（1） △PDB において∠PBD＝90°
  PD＝PC＋CD
   ＝2＋3＝5，
  DB＝3 から，三
平方の定理により，PB＝4

また円に内接する四角形の性質から，
  ∠PAC＝∠PDB
そこで下記を利用し，PA の長さを求めます.
△PAC∽△PDB
  PC：PA＝PB：PD
  2：PA＝4：5 ∴ PA＝$\frac{5}{2}$
  ∴ AB＝PB－PA＝4－$\frac{5}{2}$＝$\frac{3}{2}$（cm）

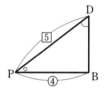

（2） ∠ABD＝90°より，AD はこの円の直径です.
  AB＝$\frac{3}{2}$，BD＝3 より，
  AD＝$\frac{3\sqrt{5}}{2}$

よって，円の半径は，$\frac{3\sqrt{5}}{4}$（cm）

次は 2014 年の慶應女子です.

問題 2. 図のように，線分 AB を直径とする半円 O の弧 AB 上に，2 点 C，D を△OCD が正三角形になるようにとり，直線 AC，BD の交点を E とする．AC＝2，BD＝5，ED＝x，AB＝y のとき，次の問に答えなさい.
（1） 次の ア ～ エ にもっとも適切な数を入れなさい.
  ∠EAD＝ ア °，∠AEB＝ イ °，
  EC：EB＝ ウ ： エ
（2） x の値を求めなさい.
（3） y の値を求めなさい.

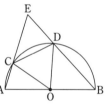

解法 （1） 次ページの図で，∠COD＝60°より，∠EAD＝**30**°…ア
次に∠ADB＝90°より，∠AEB＝**60**°…イ

また，∠CDE＝∠EAB
より，右下図で，

$\boxed{\triangle EDC \backsim \triangle EAB}$

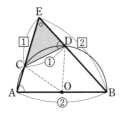

ここで，AB＝2AO
＝2CO＝2CD より，相
似比は 1：2 だから，

EC：EB＝**1：2**

…ウ・エ

（2） EB＝ED＋DB
　　　＝$x+5$

ここで EC と EB の
比をとれば，

EC：$(x+5)=1:2$　EC＝$\dfrac{x+5}{2}$

そこで，EA＝EC＋CA＝$\dfrac{x+5}{2}+2=\dfrac{x+9}{2}$

ED と EA の比をとれば，

$x:\dfrac{x+9}{2}=1:2$　∴　$x=\mathbf{3}$

（3） △EAD において，
∠AED＝60°，ED＝3 だ
から，AD＝$3\sqrt{3}$

そこで △ABD にて三
平方の定理より，

$y=\mathbf{2\sqrt{13}}$

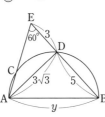

最後は 2010 年の西大和学園です．

問題 3. 図のように，AB＝2，BC＝$\sqrt{7}$，
CA＝3，∠BAC＝60° である △ABC があ
り，3 点 A，B，C を通る円の中心を O と
する．点 A を
含まない弧 BC
上に CD＝1 と
なる点 D をと
る．さらに，

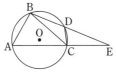

直線 AC と直線 BD の交点を E とする．

（1） ∠CDE の大きさを求めなさい．

（2） 線分 BD の長さを求めなさい．

（3） 線分 CE，線分 DE の長さをそれぞ
れ求めなさい．

寸法を書き込
めば，右図のよ
うになっていま
す．

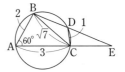

解法 （1） ∠CDE
＝∠BAC＝**60°**

（2） 右図のように H
をとり，△BCH にて三
平方の定理より，

$(\sqrt{7})^2 = \left(\dfrac{\sqrt{3}}{2}\right)^2 + \left(BD+\dfrac{1}{2}\right)^2$　∴　BD＝**2**

（3） ∠EAB＝∠EDC だから，

$\boxed{\triangle EAB \backsim \triangle EDC}$

ここで EC＝x
と置きます．

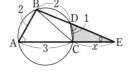

　　BA：BE
　＝CD：CE

2：BE＝1：x　∴　BE＝$2x$

すると，DE＝BE－BD＝$2x-2$

また，AE＝AC＋CE＝$3+x$ だから，

BA：AE＝CD：DE

2：$(3+x)=1:(2x-2)$　∴　**CE**＝$x=\dfrac{7}{3}$

DE＝$2x-2=2\times\dfrac{7}{3}-2=\dfrac{8}{3}$

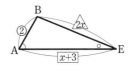

今回紹介した相似形
も，前回同様に "方べ
きの定理" のもとにな
っています．

△PAC∽△PDB より，

PA：PC＝PD：PB　∴　PA×PB＝PC×PD

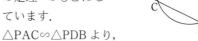

円内の二等辺三角形には，重なる裏返しの相似が隠れている

平面図形

△ABC が AB＝AC の二等辺三角形ならば，下右図のような相似になります．

$$\boxed{\triangle\text{AEB}\backsim\triangle\text{ABD}}\quad(\bigstar)$$

➡注　∠ABC＝∠ACB＝∠AEB…①，∠BAE が共通…②　だから，①，②より 2 角が等しい．

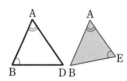

最初は 2016 年の中大杉並です．

問題 1. AB＝AC ＝10 の △ABC が円に内接している．この円に弦 AD を引き，その延長が底辺の延長と交わる点を E とすると，AD＝DE になった．このとき，AD の長さを求めなさい．

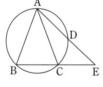

△ABC に注目し★を利用します．

解法　∠ACB ＝∠ADB から，

$$\boxed{\triangle\text{ABE}\backsim\triangle\text{ADB}}$$

そこで AD＝x と置けば，AD＝DE だから，AE＝$2x$

AB：AE
＝AD：AB

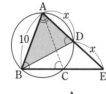

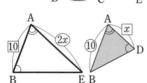

$10:2x=x:10$
$2x^2=100$　∴　$x=5\sqrt{2}$

次の 2017 年の就実（一部略）で慣れましょう．

問題 2. 図のように，AB＝AC の二等辺三角形 ABC の 3 つの頂点 A，B，C 通る円がある．点 B を含まない弧 AC 上に点 D をとり，点 B と点 D を結ぶ．また，直線 AD と直線 BC の交点を E とする．AB＝12，BC＝11，AD＝8 であるとき，次の問に答えなさい．

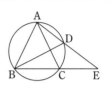

（1）　図の中で，∠ABC と等しい角を 2 つ答えなさい．

（2）　線分 AE の長さを求めなさい．

（3）　線分 CE の長さを求めなさい．

（1）はまさに★です（⇨左の注に注目）．（2）は今回のテーマです．（3）ではビギナーズ 25 の再投入です．

解法 （1）∠ACB，∠ADB

（2）（1）をヒントにすれば，

$$\boxed{\triangle\text{ABE}\backsim\triangle\text{ADB}}$$

これを利用します．

AB：AE
＝AD：AB
12：AE＝8：12
∴　AE＝**18**

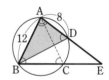

（3）∠DAC ＝∠DBC だから，右のような構図になり，

$$\triangle\text{ACE}\backsim\triangle\text{BDE}$$

を考えます．

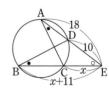

ここで CE＝x と置きます．

AE：CE＝BE：DE
$18:x=(x+11):10$
$x^2+11x-180=0$　$(x+20)(x-9)=0$
$x>0$ より，$x=9$　∴　CE＝**9**

引き続き★型の相似が現われる例です．2008年の熊本学園大附(一部略)です．△ABCの辺だけが明らかな，とてもきれいな問題です．

最後は2007年の岡山高(一部略)ですが，こちらも **問題**3 と同じタイプです．

問題 3．図のように，円周上に3点A，B，Cを頂点とし，AB＝AC＝12，BC＝8である△ABCがある．∠ABCの二等分線と辺AC，弧ACとの交点をそれぞれP，Qとする．また，辺BCの延長と弦AQの延長との交点をRとする．
（1）線分BRの長さを求めなさい．
（2）線分QRの長さを求めなさい．

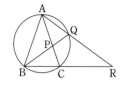

問題 4．図において，AB＝AC＝4，∠ABD＝∠CBDです．AE＝6のとき，
（1）線分ADの長さを求めなさい．
（2）線分BE，CEの長さをそれぞれ求めなさい．

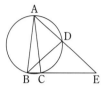

解法 （1）題意より，∠ABQ＝∠CBQ＝○ と置きます．
すると，
∠CBQ＝∠CAQ＝○ …………③
です．

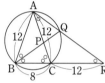

また△ABCは二等辺三角形だから，
∠ABC＝∠ACB＝○○ …④ です．

ここで△ACRに着目すれば，③，④より∠ARC＝○ となるので，CA＝CRの二等辺三角形です．

よって，
BR＝BC＋CR＝BC＋CA＝8＋12＝**20**

（2）△ABRの角の二等分線定理より，
AQ：RQ＝BA：BR＝12：20＝3：5
これより，AQ＝$3k$，QR＝$5k$ と置きます．
★より，
△ABR∽△AQB
を利用して，
AB：AR
＝AQ：AB
12：8k＝3k：12
$k^2＝6$ より，
$k＝\sqrt{6}$
∴ QR＝**5√6**

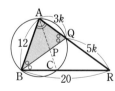

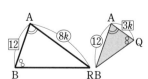

（1）は★の利用です．

解法 （1）△ABCは二等辺三角形で，∠ACB＝∠ADBだから，
△ABE∽△ADB
です．
AB：AE
＝AD：AB
4：6＝AD：4
∴ AD＝$\dfrac{8}{3}$

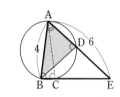

（2）DE＝AE－AD
＝6－$\dfrac{8}{3}$＝$\dfrac{10}{3}$

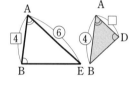

ここで角の二等分線定理を利用することで，
BA：BE＝AD：ED＝$\dfrac{8}{3}$：$\dfrac{10}{3}$＝4：5
∴ **BE＝5**
問題3と同様で，△ACEは二等辺三角形だから，
CE＝CA＝4

最後にまとめます．
$$a^2＝x(x＋y)$$

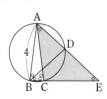

65

接線が角の二等分線になるときの相似

円と接線に関する定理です．右図で a どうし，b どうしが等しいことを**接弦定理**といいます．

この接弦定理を使った相似が次です．

$$\boxed{\triangle ACD \backsim \triangle ADB} \qquad (\bigstar)$$

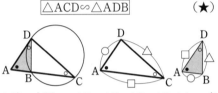

➡**注**　上図で，AD：AC＝AB：AD より，方べきの定理 AB×AC＝AD² を導けます．

さてここでは，★と'角の二等分'を組み合わせた新たな相似を扱うことにします．

2009 年の清風南海です．

問題 1. 図のように，AB を直径とする半円 O がある．

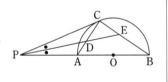

AB＝10cm で，AB の延長上に AP＝8cm となる点 P をとる．点 P から半円 O に引いた接線と半円の接点を C とし，∠APC の二等分線と弦 AC，BC との交点をそれぞれ D，E とする．

（1）　△PCD と △PAD の面積の比を求めなさい．

（2）　△PBE と △PCD の面積の比を求めなさい．

（1）では★より PC の長さを求めます．

（2）は △PBE と △PCD に注目すると，∠CPD＝∠DPA と，接弦定理より何かが隠れている予感がします．

解法　（1）　PC は接線で，接弦定理により ∠PBC＝∠PCA だから，△PCB∽△PAC

∴　PC：PB＝PA：PC

ここで，

PB＝PA＋AB＝8＋10＝18

なので，PC：18＝8：PC

∴　PC＝12

さて，

△PCD：△PAD
＝CD：AD

であって，角の二等分線定理より，

CD：AD＝PC：PA＝12：8

∴　△PCD：△PAD＝**3：2**

（2）　右のように，

$\boxed{\triangle PBE \backsim \triangle PCD}$ が成り立っています．したがって，

△PBE：△PCD
＝PB²：PC²
＝18²：12²
＝**9：4**

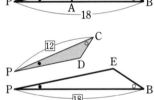

続いての問題です．

問題 2. 3点 A，B，C は一直線上にある．BC を弦とする円の周上に点 D をとると，AD は接線となった．∠DAB の二等分線と弦 DB，DC との交点をそれぞれ E，F とする．AD＝6，AB＝4，AE＝3√2 のとき，

（1）　AC の長さを求めよ．

（2）　EF の長さを求めよ．

解法 （1） AD は接線で，接弦定理により
∠ADB＝∠ACD だから，★を利用して，

　　△ADB∽△ACD

　　∴　AD：AB＝AC：AD

　　6：4＝AC：6　∴　AC＝**9**

（2）　∠FAC＝∠DAF と接弦定理より，

　□△FAC∽△EAD□ が成り立っています．

　したがって，

　　FA：AC
　　＝EA：AD
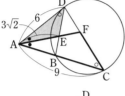
　　FA：9＝3√2：6

　　∴　FA＝$\dfrac{9\sqrt{2}}{2}$

　　EF＝AF－AE
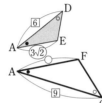
　　＝$\dfrac{9\sqrt{2}}{2}$－3√2

　　＝$\dfrac{3\sqrt{2}}{2}$

次の問題の（2）は有名な性質です．やってみましょう．

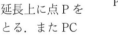
　問題 3．AB を
直径とする半円
があり，BA の
延長上に点 P を
とる．また PC
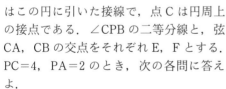
はこの円に引いた接線で，点 C は円周上
の接点である．∠CPB の二等分線と，弦
CA，CB の交点をそれぞれ E，F とする．
PC＝4，PA＝2 のとき，次の各問に答え
よ．

（1）　この円の半径を求めよ．

（2）　CE＝CF を示せ．

（3）　△CEF の面積を求めよ．

（2）は △CEF の角の大きさに注目します．
（3）は長さを文字で置いて三平方？

解法 （1） PC は接線で，接弦定理により
∠PCA＝∠PBC だから，★を利用して，

　　△PCA∽△PBC

　　∴　PC：PA＝PB：PC

　　4：2＝PB：4　∴　PB＝8

　　AB＝PB－PA＝8－2＝6

　　AB は円の直径なので，半径は **3**．

（2）　∠FPB＝∠CPF と接弦定理より，

　□△PBF∽△PCE□

が成り立ちます．

　そこで △CEF
に目をやります．
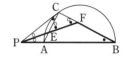
・∠CFE

…△PBF の ∠F の外角だから，●＋○

・∠CEF

…△PCE の ∠E の外角だから，●＋○

　すると，∠CFE＝∠CEF となります．

　　∴　CE＝CF（☞注）

　➡注　△CEF は，∠ECF＝90°の直角二等辺三角
形です．

（3）　△CPA の
角の二等分線の
定理より，
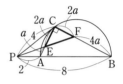
　　CE：EA
　　＝PC：PA
　　＝4：2

だから，CE＝2a，EA＝a とおきます．

　また，△CPB の角の二等分線の定理より，

　　CF：FB＝PC：PB＝4：8

で，（2）より CE＝CF だから，

　　CF＝2a，FB＝4a

とします．

　ここで，△CAB は ∠ACB＝90°の直角三角
形で，CA＝3a，CB＝6a，AB＝6 だから三平
方の定理より，

　　$(3a)^2+(6a)^2=6^2$　∴　$a^2=\dfrac{4}{5}$

　ところで，$\triangle CEF=2a\times2a\times\dfrac{1}{2}=2a^2$

　よって，$\triangle CEF=2\times\dfrac{4}{5}=\dfrac{8}{5}$

右図で色の付いた
図形は二等辺三角形．
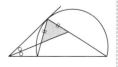

円に内接する二等辺三角形の '頂点から引いた直線の長さ'

AB＝AC の二等辺三角形 ABC の外接円を描きます.

ここで右図のように点 D，E をとれば，

∠ABC＝∠ACB＝∠AEB だから，下図のような相似な三角形を見出すことができます.

△ABE∽△ADB ……………………☆

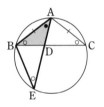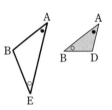

まずは，次の問題で試してみましょう．（1）は 2008 年の広島大附です.

問題1.

（1）　図のように円周上に4点 A，B，C，D をとると，線分 AB，AD の長さは 2cm，AC の長さは 3cm であった．線分 AC と BD の交点を P とするとき，線分 AP の長さを求めよ.

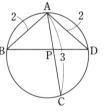

（2）　右図で，AB＝AC である．AD＝4cm，DE＝5cm のとき，AB の長さを求めよ.

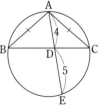

（1）では△ABD が AB＝AD の二等辺三角形，（2）では△ABC が AB＝AC の二等辺三角形であることから，共に☆を利用します.

解法　（1）　△ABC∽△APB

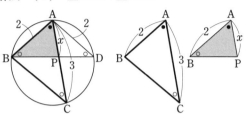

AB：AC＝AP：AB だから，2：3＝x：2

∴　$x＝\dfrac{4}{3}$　∴　$AP＝\dfrac{4}{3}$（cm）

（2）　△ABE∽△ADB

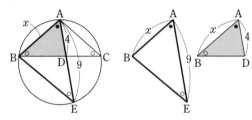

AB：AE＝AD：AB だから，x：9＝4：x

∴　x＝6　∴　AB＝**6**（cm）

続いては 2013 年の青山学院(一部略)です.

問題2.　図のように，線分 AB を直径とする円 O に，AB＝12，CD＝DA＝4 の四角形 ABCD が内接している．また線分 AC と線分 BD との交点を E とする.

（1）　線分 BD の長さを求めよ.

（2）　線分 DE の長さを求めよ.

△DAC が DA＝DC の二等辺三角形ですから，ここで☆を利用します.

解法　（1）　△DAB において，AB は円の直径だから∠D＝90°

よって，$12^2＝4^2＋DB^2$　∴　$DB＝8\sqrt{2}$

（2）　△DAB∽△DEA

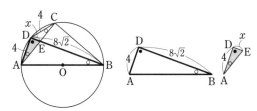

DA : DB＝DE : DA だから，

$4 : 8\sqrt{2}＝x : 4$ ∴ $x＝\sqrt{2}$

∴ DE＝$\sqrt{2}$

続いて 2016 年の日大習志野（一部略）です．

問題 3. 図のように，AB＝AD である四角形 ABCD が円 O に内接している．対角線 BD は円 O の直径であり，2 本の対角線の交点を P とする．BC＝12，CD＝6 のとき，
（1） 線分 BP の長さを求めなさい．
（2） 線分 AP の長さを求めなさい．

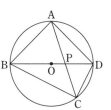

△ABD は AB＝AD の二等辺三角形で，☆を利用します．

解法 （1） BD は直径だから∠BCD＝90°

△BCD での三平方の定理にて，BD＝$6\sqrt{5}$
また∠ABD＝∠ACD，
∠ADB＝∠ACB

このことにより
∠ACD＝∠ACB だから，
角の二等分定理が使え，

BP : PD＝CB : CD
＝12 : 6＝2 : 1

つまり BD をこの比に分け，BP＝$4\sqrt{5}$
（2） △ABC∽△APB

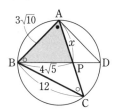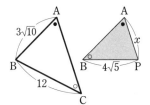

AB : BC＝AP : PB

△ABD は直角二等辺三角形だから，

$AB＝\dfrac{1}{\sqrt{2}}BD＝\dfrac{1}{\sqrt{2}}×6\sqrt{5}＝3\sqrt{10}$

よって，$3\sqrt{10} : 12＝x : 4\sqrt{5}$

∴ $x＝5\sqrt{2}$ ∴ AP＝$5\sqrt{2}$

最後の問題です．正三角形の設定ですが，やることはまったく同じです．

問題 4. 1辺 7 の正三角形 ABC の外接円の周上に，図のように点 D をとると，BD＝5，CD＝3 となった．AD の長さを求めよ．

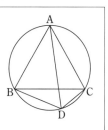

△ABC は AB＝AC ですから，☆を用います．

解法 まず，図のように AD と BC の交点を E とします．

ここで∠BDC において，DE は∠BDC の二等分線だから，

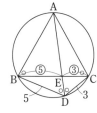

BE : EC＝DB : DC＝5 : 3

よって，$BE＝BC×\dfrac{5}{8}＝7×\dfrac{5}{8}＝\dfrac{35}{8}$

さてここで，△ABD∽△AEB

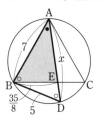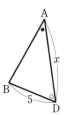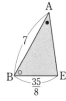

AD : BD＝AB : EB より，$x : 5＝7 : \dfrac{35}{8}$

∴ $x＝8$ ∴ AD＝8

次が成り立ちます．

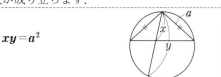

$xy＝a^2$

69

弦となる，角の 二等分線の長さ

右図において，
∠BAP＝∠CAP とします．

ここで BP を結ぶと，
∠BPA＝∠BCA（左下図）

そこで AP と BC の交
点を D とすれば，△ABP∽△ADC ………☆
を見出すことができます．☆は'角の二等分線'
が出てくるときの大事な相似です．

 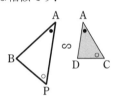

では次の３題をやってみます．（２），（３）は
一見，角の二等分線ではないですが…．

問題 1. （１）右図に
おいて，
∠BAD＝∠CAD，
AB＝4，AE＝2，
AC＝3，AD＝x
のとき，x の値を求めよ．

（２）右図で AB＝BC，
AD＝6，BD＝8，
CD＝5 のとき，ED
の長さを求めよ．

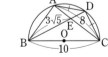

（３）右図で
AD＝DC で，BC
は円の直径でその
長さは 10 である．
BE＝3√5，
AC＝8 のとき，BD の長さを求めよ．

（２），（３）は右の構図
を利用します（★）．

┌─────────────┐
│ 二等辺三角形がある │
│ ⇩ │
│ 角の二等分線が潜む │
└─────────────┘

解法 （１）△ABD∽△AEC

 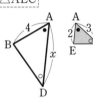

AB：AD＝AE：AC だから，
　4：x＝2：3　∴　x＝6

（２）∠BDA＝∠BCA＝∠BAC＝∠BDC だ
から，BD は∠CDA の二等分線です．

△BCD∽△AED

CD：BD＝ED：AD だから，
　5：8＝x：6　∴　ED＝x＝$\frac{15}{4}$

（３）∠DBC＝∠DAC＝∠DCA＝∠DBA だ
から，BD は∠ABC の二等分線です．

△ABE∽△DBC

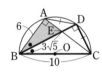 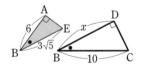

△ABC にて三平方の定理より，AB＝6
AB：EB＝DB：CB だから，
　6：3√5＝x：10　∴　BD＝x＝4√5

さて★でも示したように，'二等辺三角形'
と'角の二等分線'には密接なつながりがあり
ます．ということはつまり，前回扱った(二等
辺三角形の相似)問題もこっちで解ける？

ではやってみましょう．p.69 の 問題 3（2）の再掲です．

問題 2. 図のように，AB＝AD である四角形 ABCD が円 O に内接している．対角線 BD は円 O の直径であり，2 本の対角線の交点を P とする．BC＝12，CD＝6 のとき，線分 AP の長さを求めなさい．

△ABD は二等辺三角形だから，右図のように CA は∠BCD の二等分線です．
つまり☆より，

$$\triangle \mathrm{BCP} \backsim \triangle \mathrm{ACD}（＊1）$$

を使います．
そこで次を準備します．①…BP，②…AD

解法 BD は直径だから∠BCD＝90°
△BCD にて三平方の定理より，BD＝$6\sqrt{5}$
① ∠ACD＝∠ACB だから，角の二等分線の定理より，BP：PD＝CB：CD＝12：6＝2：1
∴ BP＝$4\sqrt{5}$
② △ABD は直角二等辺三角形だから，
$$\mathrm{AD}＝\frac{1}{\sqrt{2}}\mathrm{BD}＝\frac{1}{\sqrt{2}}×6\sqrt{5}＝3\sqrt{10}$$

これにて準備は整いました．＊1 の△BCP∽△ACD を利用します．
手順としては，AP＝AC－PC と求めます．

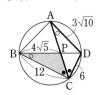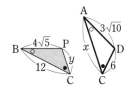

BC：BP＝AC：AD より，
$12：4\sqrt{5}＝x：3\sqrt{10}$ ∴ AC＝$x＝9\sqrt{2}$
PC：BP＝DC：AD より，
$y：4\sqrt{5}＝6：3\sqrt{10}$ ∴ PC＝$y＝4\sqrt{2}$
∴ AP＝AC－PC＝$\boldsymbol{5\sqrt{2}}$

次も p.69 の 問題 4 の再掲です．

問題 3. 1 辺 7 の正三角形 ABC の外接円の周上に，図のように点 D をとると，BD＝5，CD＝3 となった．このとき，AD の長さを求めよ．

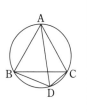

△ABC は∠ABC＝∠ACB だから，∠ADB＝∠ADC となって，AD は∠BDC の二等分線です．そこで，AD と BC の交点を E とすると，☆より，

$$\triangle \mathrm{BDE} \backsim \triangle \mathrm{ADC}（＊2）$$

が成り立ちます．

解法 △BDC においての角の二等分線の定理より，BE：EC＝BD：CD＝5：3

よって，BE＝$\mathrm{BC}×\dfrac{5}{8}＝7×\dfrac{5}{8}＝\dfrac{35}{8}$

ここで＊2 より，BD：BE＝AD：AC

$5：\dfrac{35}{8}＝x：7$ ∴ AD＝$x＝\boldsymbol{8}$

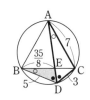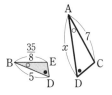

いかがでしたか．前回と今回を通して，円内の‘二等辺三角形の相似’‘角の二等分の相似’という兄弟姉妹のような関係に注目しました．

どちらか一方と常に決めつけるのではなく，問題により柔軟に対応できるようにしましょう．

最後にまとめます．

右の図で，
$$\boldsymbol{ab＝xy}$$

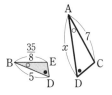

71

円内の3つの相似形を絡める

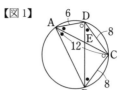

【図1】 【図2】

前回までに，円の弦が，
・二等辺三角形の頂点を通るとき
（ビギナーズ29）
・角の二等分線になるとき（ビギナーズ30）
にできる相似を習いました．またこれらには密接な連携があることを知りました．

ここではさらに話を進めて，これらを重ね合せてできる，3つの三角形の相似を利用する問題を紹介します．

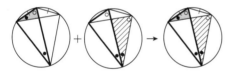

'太枠の三角形' '網目の三角形' '斜線の三角形'の3つが相似となり，この3つの三角形の辺比を比較しながら解き進めていくのがここでのポイントです．

最初は2012年の渋谷幕張の問題です．

問題 1. 図のように，円周上に4点A，B，C，Dがある．ACとBDの交点をEとする．
BC＝CD＝8，
AD＝6，AC＝12のとき，ABの長さとBEの長さを求めなさい．

解法 等しい角を書き入れたのが【図1】で，それによってできる3つの相似形は【図2】のようになっています．

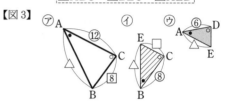

【図3】

3つの相似形を描き分けたのが【図3】です．
△ABC∽△BEC∽△AED

求めるAB，BEは共に【図3】で△のところです．そこで手順としては，AEを介することにします．

$$AE＝AC－EC＝12－EC（\cdots *1）（\square注）$$
だから，まずはECの長さを求めます．
㋐と㋑から，AC：BC＝BC：EC

$$12：8＝8：EC \quad \therefore \quad EC＝\frac{16}{3}$$

よって，$*1＝12－\frac{16}{3}＝\frac{20}{3}$

㋐と㋒から，AC：AB＝AD：AE

$$12：AB＝6：\frac{20}{3} \quad \therefore \quad \mathbf{AB＝\frac{40}{3}}$$

㋑と㋒から，BC：BE＝AD：AE

$$8：BE＝6：\frac{20}{3} \quad \therefore \quad \mathbf{BE＝\frac{80}{9}}$$

➡**注** AE＋EC＝ACに着目します（★）．

続いては，2016年の青山学院です．

問題 2. 円に内接する四角形ABCDにおいて，BC＝13，DA＝4，CA＝15，∠CBD＝∠BACである．対角線ACとBDの交点をGとするとき，次の線分の長さを求めよ．
（1） CD
（2） CG
（3） AB

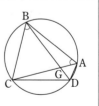

平面図形

解法 （1）　∠BAC＝∠BDC だから，△BCD は二等辺三角形で，CD＝CB＝**13**

（2）　等しい角を書き入れたのが【図4】で，それによってできる3つの相似形は【図5】のようになっています．

【図4】　【図5】

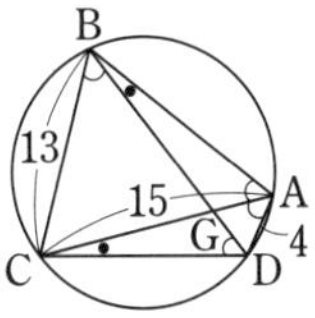

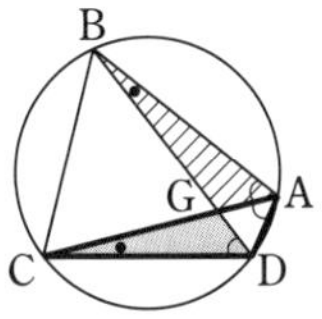

3つの相似形を描き分けたのが【図6】です．

$$\boxed{\triangle ACD \backsim \triangle DCG \backsim \triangle ABG}$$

【図6】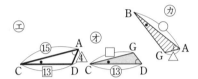

すると求めるのは㋔の□です．

㋓と㋔から，CA：CD＝CD：CG

$$15 : 13 = 13 : CG \quad \therefore \quad CG = \frac{169}{15}$$

（3）　求めるのは㋕の○です．それには㋕の△を利用します．

$$GA = CA - CG = 15 - \frac{169}{15} = \frac{56}{15} \text{（☞注）}$$

㋓と㋕から，CA：AD＝BA：AG

$$15 : 4 = BA : \frac{56}{15} \quad \therefore \quad BA = \textbf{14}$$

➡注　★と同様に，CG＋GA＝CA に注目．

最後は少し難しいですが，2012 年の市川（誘導略）です．

問題 3. 図のように，円 O に内接する四角形 ABCD において，AB＝4，BC＝3，CD＝3，DA＝5 である．線分 AC と線分 BD の交点を E とするとき，線分 AC の長さを求めなさい．

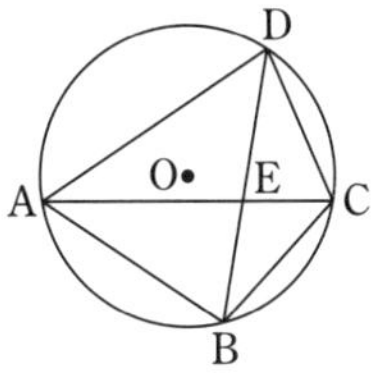

内接四角形の4辺が明らかで，この対角線の長さを求める問題です．こちらは一筋縄ではいかず，いったん長さを文字で置くなどしなければ解決できません．

解法　等しい角を書き入れたのが【図7】で，それによってできる3つの相似形は【図8】のようになっています．

【図7】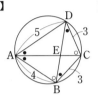　【図8】

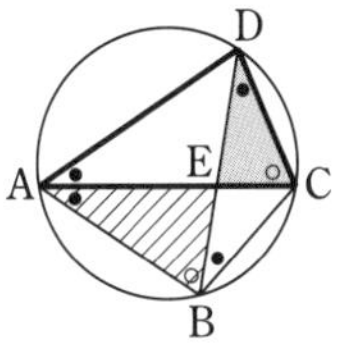

3つの相似形を描き分けたのが【図9】です．

$$\boxed{\triangle DAC \backsim \triangle EDC \backsim \triangle EAB}$$

【図9】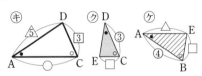

【図9】からこれ以上明らかな寸法は求まらないので，ひとまず㋗で EC＝3a と置きます．

すると㋗と㋕から，

DC：EC＝AB：EB

$3 : 3a = 4 : EB \quad \therefore \quad EB = 4a$

続いて㋕の △ は，㋖と㋕から，

DA：DC＝EA：EB

$5 : 3 = EA : 4a \quad \therefore \quad EA = \dfrac{20}{3}a \text{（☞注）}$

よって，

$$AC = AE + EC = \frac{20}{3}a + 3a = \frac{29}{3}a$$

このことから，㋖と㋗で，

$$AC : AD = AB : AE \quad \frac{29}{3}a : 5 = 4 : \frac{20}{3}a$$

$$a^2 = \frac{9}{29} \quad \therefore \quad a = \frac{3}{\sqrt{29}}$$

$$\therefore \quad AC = \frac{29}{3}a = \frac{29}{3} \times \frac{3}{\sqrt{29}} = \sqrt{\textbf{29}}$$

➡注　★と同様に，AE＋EC＝AC に注目．

数学ワザ　ビギナーズ 32
三角形の'角の二等分線の長さ'はこう求める

平面図形

　円内に3つの相似形が現われる構図は，ビギナーズ31でも扱いました．引き続きその中でも特徴ある問題をここでは紹介します．

　まずは次の問題をやってみてください．

> **問題** 1. 図において，線分 AD は∠BAC の二等分線である．
>
> AB=10，AC=6，AE=$3\sqrt{5}$ のとき，DC の長さを求めよ．

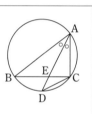

解法　等しい角を書き入れたのが【図1】で，それによってできる3つの相似形は【図2】のようになっています．

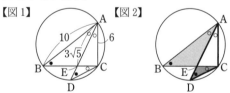

【図1】　　【図2】

　3つの相似形を描き分けたのが【図3】です．DC=x と置きます．

$$\triangle ADC \backsim \triangle CDE \backsim \triangle ABE$$

【図3】

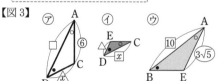

　進め方は，**角の二等分線上にある線分の長さを求める，あるいは文字で置く**ことです．

　まず㋐と㋒から，

AC：AD＝AE：AB

6：AD＝$3\sqrt{5}$：10　∴　AD＝$4\sqrt{5}$

∴　ED＝AD－AE＝$4\sqrt{5}$－$3\sqrt{5}$＝$\sqrt{5}$

㋐と㋑から，

AD：CD＝CD：ED

$4\sqrt{5}$：x＝x：$\sqrt{5}$　∴　DC＝x＝$2\sqrt{5}$

続いての問題です．

> **問題** 2. 図において，△ABC の辺 BC は円の直径である．
>
> AB=4，AC=3，∠BAE＝∠CAE のとき，線分 CE の長さを求めよ．

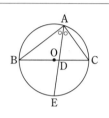

　△ABC において，∠A＝90°から BC＝5
角の二等分線定理より，

BD：DC＝AB：AC＝4：3

だから，DC＝$\dfrac{15}{7}$

解法　等しい角を書き入れたのが【図4】で，それによってできる3つの相似形は【図5】のようになっています．

【図4】　　　　【図5】

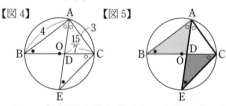

　3つの相似形を描き分けたのが【図6】です．

$$\boxed{\triangle AEC \backsim \triangle CED \backsim \triangle ABD}$$

【図6】㋔　　　　㋕　　　　㋖

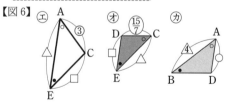

DE＝5a と置きます．㋔と㋕から，

AC：EC＝CD：ED

3：EC＝$\dfrac{15}{7}$：5a　∴　EC＝7a

同じく㋔と㋕から，

AC：AE＝CD：CE

$3：AE＝\dfrac{15}{7}：7a$ ∴ $AE＝\dfrac{49}{5}a$

∴ $AD＝AE−DE＝\dfrac{49}{5}a−5a＝\dfrac{24}{5}a$

エと㋕から、 AC：AE＝AD：AB

$3：\dfrac{49}{5}a＝\dfrac{24}{5}a：4$ ∴ $a＝\dfrac{5\sqrt{2}}{14}$

∴ $CE＝7a＝7×\dfrac{5\sqrt{2}}{14}＝\dfrac{5\sqrt{2}}{2}$

問題 3. 図において，
∠BAD＝∠CAD
AB＝8， AC＝6，
BC＝7 である．
このとき線分 AE の
長さを求めよ．

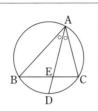

角の二等分線定理より，
BE：EC＝(AB：AC＝)8：6 だから， EC＝3

解法 等しい角を書き入れたのが【図7】で，そ
れによってできる3つの相似形は【図8】のよう
になっています．

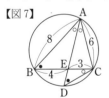

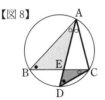

3つの相似形を描き分けたのが【図9】です．
△ADC∽△CDE∽△ABE

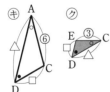

ED＝a と置きます． ㋕と㋚から，
DC：AC＝DE：CE
DC：6＝a：3 ∴ DC＝$2a$
同じく㋕と㋚から，
AD：AC＝CD：CE
AD：6＝$2a$：3 ∴ AD＝$4a$

∴ AE＝AD−ED＝$4a−a＝3a$
㋕と㋚から， AD：AC＝AB：AE
$4a$：6＝8：$3a$ ∴ $a＝2$
∴ AE＝$3a＝$**6**

気づきにくかったかもしれませんが，ここま
での問題はいずれも，'三角形の角の二等分線
の長さ'に何かしら触れるものばかりでした．

そこで最後に，これまでの知識をフル活用
して，次の定理を導きます．

定理
∠BAD＝∠CAD
のとき，
$$x＝\sqrt{ab−cd}$$

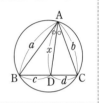

できる3つの相似
形は【図10】です．

【図10】

それを描き分けた
のが【図11】です．
△AEC∽△CED∽△ABD

【図11】
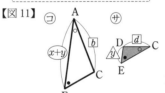

DE＝y と置きます．
㋢と㋛から，
AE：AC＝AB：AD
$(x+y)：b＝a：x$ ∴ $x^2+xy＝ab$ …①
㋚と㋛から，
CD：ED＝AD：BD
$d：y＝x：c$ ∴ $xy＝cd$ ……………②
ここで②の右辺を①の左辺へ代入して，
$x^2+cd＝ab$ ∴ $x^2＝ab−cd$
∴ $x＝\sqrt{ab−cd}$

➡注 ②は方べきの定理を使っても同じことです．

➡注 この図形では明らかに $ab>cd$ です．

数学ワザ　ビギナーズ 33

円内の正三角形に宿る長さに注目

平面図形

円内の 3 つの相似形は，正三角形でも十分活かせます．まずは，2012 年の法政二高です．

> **問題 1.** 図のように円に内接する四角形 ABCD があり，対角線 AC，BD の交点を E とする．△ABD が 1 辺の長さが 4cm の正三角形で，BC：CD＝2：1 であるとき，
> （1）　線分 BE の長さを求めなさい．
> （2）　線分 AE の長さを求めなさい．
> （3）　線分 EC の長さを求めなさい．

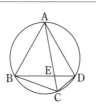

解法 （1）　∠BCA＝∠BDA＝∠DBA ＝∠DCA ですから，角の二等分線の定理より，

$$BC：CD＝BE：ED＝2：1 \quad ∴ \quad BE＝\frac{8}{3}（cm）$$

（2）　【図 2】の相似形を参照します．

$$△ABC∽△AEB∽△DEC$$

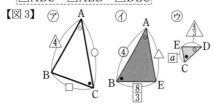

EC＝a と置きます．まず⑦と⑦から，
$$AB：BC＝DE：EC$$

$$4：BC＝\frac{4}{3}：a \quad ∴ \quad BC＝3a$$

⑦と④から，AC：CB＝AB：BE

$$AC：3a＝4：\frac{8}{3} \quad ∴ \quad AC＝\frac{9}{2}a$$

$$∴ \quad AE＝AC－EC＝\frac{9}{2}a－a＝\frac{7}{2}a$$

再び⑦と④から，AB：AC＝AE：AB

$$4：\frac{9}{2}a＝\frac{7}{2}a：4 \quad ∴ \quad a＝\frac{8\sqrt{7}}{21}$$

$$∴ \quad AE＝\frac{7}{2}a＝\frac{7}{2}×\frac{8\sqrt{7}}{21}＝\frac{4\sqrt{7}}{3}（cm）$$

（3）　$EC＝a＝\dfrac{8\sqrt{7}}{21}（cm）$

2012 年の西大和学園(一部略)です．

> **問題 2.** 図のように，AB＝3，BC＝7，CA＝8，∠BAC＝60°であるような △ABC がある．3 点 A，B，C を通る円において，点 B を含まない弧 AC 上に CD＝7 をみたすような点 D をとるとき，BD，AD，BE の長さを求めよ．

解法 ∠BDC＝∠BAC＝60°だから，△BCD は正三角形です．よって，**BD＝7**

【図 4】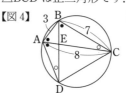　【図 5】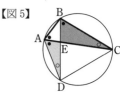

$$△ABC∽△BEC∽△AED$$

【図 6】
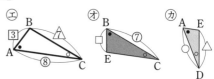

まず①と⑦から，BA：AC＝EB：BC

$$3：8＝EB：7 \quad ∴ \quad \textbf{BE}＝\frac{21}{8}$$

76

$$\therefore \quad ED = BD - BE = 7 - \frac{21}{8} = \frac{35}{8}$$

㋓と㋕から，AC : BC = AD : ED

$$8 : 7 = AD : \frac{35}{8} \quad \therefore \quad \mathbf{AD = 5}$$

問題 3. 図の四角形 ABCD において，△ABD は正三角形である．BE=5，ED=3 のとき AE の長さ x の値を求めよ．

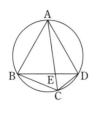

解法 正三角形の1辺の長さは8です．

【図7】

【図8】
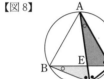

△ACD∽△ADE∽△BCE

【図9】
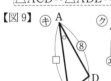

EC=5a と置きます．㋖と㋗から，

　　AD : DC = BE : EC

　　$8 : DC = 5 : 5a \quad \therefore \quad DC = 8a$

次に㋖と㋗から，AC : DC = AD : ED

　　$AC : 8a = 8 : 3 \quad \therefore \quad AC = \frac{64}{3}a$

　　$\therefore \quad AE = AC - EC = \frac{64}{3}a - 5a = \frac{49}{3}a$

㋗と㋘から，AE : ED = BE : EC

　　$\frac{49}{3}a : 3 = 5 : 5a \quad \therefore \quad a = \frac{3}{7}$

　　$\therefore \quad x = AE = \frac{49}{3}a = \frac{49}{3} \times \frac{3}{7} = \mathbf{7}$

さて，DC=8a だったから，角の二等分線の

定理より $BC = \frac{40}{3}a$

一方，$AC = \frac{64}{3}a$ だったので，つまり，

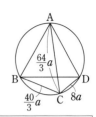

右図で，
$$\boxed{PB + PC = PA}$$
が成り立っています．

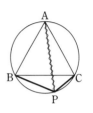

最後に次の定理を紹介しますが，覚える必要はありません．

定理
　△ABC が正三角形ならば，
$$\boldsymbol{x = \sqrt{a^2 + ab + b^2}}$$

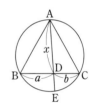

できる3つの相似形で，DE=y と置きます

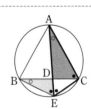

△AEC∽△ACD∽△BED

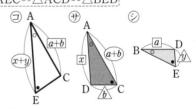

㋙と㋚から，AE : AC = AC : AD

　　$(x+y) : (a+b) = (a+b) : x$

　　$\therefore \quad x^2 + xy = (a+b)^2 \quad \cdots\cdots\cdots①$

㋚と㋛から，AD : DC = BD : DE

　　$x : b = a : y \quad \therefore \quad xy = ab \quad \cdots\cdots\cdots②$

②の右辺を①の左辺へ代入し，

　　$x^2 + ab = (a+b)^2 \quad \therefore \quad x^2 = (a+b)^2 - ab$

　　$x^2 = a^2 + ab + b^2 \quad \therefore \quad x = \sqrt{a^2 + ab + b^2}$

弦への垂線から, 円の半径を求める

円の弦 PQ へ, 中心 O より垂線 OH を引きます.

すると, PH＝HQ となります. つまり, '円の中心から弦へ下ろした垂線の足は弦を二等分する(☆)' のです.

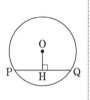

右図のように示せます.

△OPH と △OQH は,

OP＝OQ（＝円の半径）

∠OHP＝∠OHQ＝90°

OH は共通

これより, △OPH≡△OQH　∴　PH＝HQ

問題 1. 右図のように円の中心を含む弦 AB と, それに点 P で垂直に交わる弦 CD がある.

このとき, 次の各問いに答えよ.

（1）　PB の長さを求めよ.

（2）　この円の半径を求めよ.

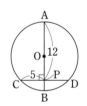

ここでは, 方べきの定理を利用します.

$$ab=cd \quad \cdots\cdots\cdots ※$$

（☞p.59）

解法　（1）　☆より, 点 P は弦 CD の中点だから, PD＝5

そこで※より, AP×PB＝CP×PD

$$12×PB=5×5 \quad ∴ \quad PB=\frac{25}{12}$$

（2）　半径 $AO=\frac{1}{2}(AP+PB)$

$$=\frac{1}{2}×\left(12+\frac{25}{12}\right)=\frac{1}{2}×\frac{169}{12}=\frac{169}{24}$$

さて, いま AC, AD を引きます.

AC＝AD＝13

そこで, △ACD に注目することで, この円は, '△ACD の外接円' とみることができます.

実は 問題 1 は, △ACD の外接円の半径を求める問題の骨組み(骨格)を表わしたものです.

【図1】

【図1】で △ACD の外接円の半径は, ☆を使い次のようにしても求めることもできます.

中心 O から辺 AC へ垂線 OH を引きます. すると☆より, $AH=\frac{13}{2}$

ここで, △AOH∽△ACP だから, AH：AO＝AP：AC

$$\frac{13}{2}：AO＝12：13 \quad ∴ \quad AO=\frac{169}{24}$$

問題 2. 右図のように弦 AB と弦 CD が, 点 P で垂直に交わっている. このとき, 次の各問に答えよ.

（1）　PB の長さを求めよ.

（2）　この円の半径を求めよ.

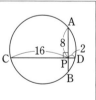

（2）では, 円の中心からそれぞれの弦へ垂線を下ろします.

解法 （1） 方べきの定理※より，

　　AP×PB＝CP×PD

　　8×PB＝16×2　∴　PB＝**4**

（2） 円の中心を O とし，【図2】のように弦 CD へ垂線 OM を下ろします。

　　☆より CM＝MD だから，

$$CM=\frac{1}{2}(CP+PD)=\frac{1}{2}\times(16+2)=9$$

同様に【図3】のように弦 AB へ垂線 ON を下ろせば，☆より AN＝NB だから，

$$AN=\frac{1}{2}(AP+PB)=\frac{1}{2}\times(8+4)=6$$

【図2】　　　　【図3】

そこで右図のようにして，△AON での三平方の定理より，円の半径を求めます。

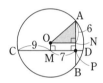

　　ON＝MP

　＝CP－CM＝16－9＝7

　　$AO^2=AN^2+ON^2=6^2+7^2=85$

　　∴　AO＝$\sqrt{85}$

そこで **問題**2 の図で，AC や AD を右図のように結びます。

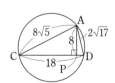

するとこの円は，△ACD の外接円といえます。

つまり **問題**2 は，△ACD の外接円を求める骨格を示したものでした。

このことを利用すれば，右図の △ABC の外接円でも，半径は，

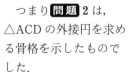

右図のようにして求めることができます。

　　∴　半径＝$\dfrac{65}{8}$

問題 **3.** 右図のように放物線 $y=x^2$ と，直線 $y=-2x$，$y=\dfrac{1}{2}x$ がそれぞれ点 A，B で交わっている。いま 3 点 A，O，B を通る円が，x，y 軸とそれぞれ点 Q，R で交わっている。

（1） この円の中心 P の座標を求めよ。

（2） 点 Q，R の座標を求めよ。

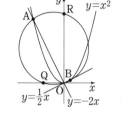

解法 （1） 直線 OA と OB は，その傾きから，O で垂直に交わっていることがわかります。

つまり∠AOB＝90°だから，この円の中心 P は線分 AB の中点です。

・A の座標

　　$y=x^2$ と $y=-2x$ から，A(-2, 4)

・B の座標

　　$y=x^2$ と $y=\dfrac{1}{2}x$ から，B$\left(\dfrac{1}{2},\ \dfrac{1}{4}\right)$

　　∴　**P**$\left(-\dfrac{3}{4},\ \dfrac{17}{8}\right)$

（2） P から x 軸へ垂線 PM を下ろせば，

　　M$\left(-\dfrac{3}{4},\ 0\right)$

☆より M は QO の中点なので，

　　Q$\left(-\dfrac{3}{2},\ 0\right)$

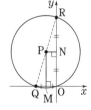

今度は P から y 軸へ垂線 PN を下ろせば，

　　N$\left(0,\ \dfrac{17}{8}\right)$

☆より N は RO の中点なので，**R**$\left(0,\ \dfrac{17}{4}\right)$

79

直角二等辺三角形から，外接円の半径を知る

図のように，弦 AB を見込む ∠APB＝45° のとき，円の中心を O とした ∠AOB は 90° です．

このような 45° が現われるわけは，直角二等辺三角形にあります．45° は直角二等辺三角形の底角ともいえて，これを円周角に持つ図形を見つけること，これが今回のテーマです．

問題 1. 図のように，円に内接する AD∥BC の台形 ABCD がある．

AD＝$\sqrt{3}$，
BC＝$2\sqrt{2}+\sqrt{3}$，
AB＝DC＝$\sqrt{6}+1$ であるとき，この円の半径を求めよ．

与えられた四角形は等脚台形で，右図のようにして三平方を使う手もあるのですが，それではどうも計算が複雑になりそうです．

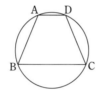

そこで方針の転換です．

解法　右図のように，点 A，D から辺 BC へそれぞれ垂線を引きます．

すると，BI＝CH＝$\sqrt{2}$ です．

ここで，△DHC にて三平方の定理を用いると，DH²＝DC²−HC² だから，

DH²＝$(\sqrt{6}+1)^2-(\sqrt{2})^2=5+2\sqrt{6}$…①
一方，
BH²＝$(\sqrt{2}+\sqrt{3})^2=5+2\sqrt{6}$…………②

つまり，①＝②より，△DBH は DH＝BH の直角二等辺三角形であることがわかり，**∠DBH＝45°** です．

そこで円の中心を O とすれば右図のように，∠DOC＝2∠DBC＝90° だから，

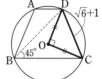

$$\text{半径 DO}=\frac{\text{DC}}{\sqrt{2}}$$
$$=\frac{\sqrt{6}+1}{\sqrt{2}}=\sqrt{3}+\frac{\sqrt{2}}{2}$$

いかがでしたか．ここでのポイントは，太文字で表した '45° の円周角' の発見でした．

続いては 2017 年の東大寺学園です．

問題 2. 右図のように，AB＝2，BC＝4，CD＝DA＝$\sqrt{2}$ の四角形 ABCD が円に内接している．

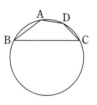

辺 BC の中点を M とするとき，次の問に答えよ．

（1）　線分 DM の長さを求めよ．
（2）　線分 BD の長さを求めよ．
（3）　四角形 ABCD が内接している円の半径を求めよ．

解法（1）　AD＝DC から，弧 AD＝弧 DC
よって，∠ABD＝∠DBC ……………③
ここで，△ABD と
△MBD において，

AB＝MB＝2…④
BD は共通 ……⑤
これと③から，
△ABD≡△MBD
∴　DM＝DA＝$\sqrt{2}$

（2）（1）より，$\triangle$DMC は DM＝DC＝$\sqrt{2}$ の二等辺三角形だから，D から BC へ下ろした垂線の足を H とすると，MH＝HC＝1

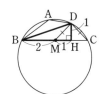

また，$\triangle$DMH にて三平方の定理より，DM^2＝MH^2＋DH^2

$(\sqrt{2})^2$＝1^2＋DH^2 ∴ DH＝1

最後に $\triangle$DBH にて三平方の定理より，

DB^2＝3^2＋1^2 ∴ DB＝$\sqrt{10}$

（3）$\triangle$DMH$\equiv\triangle$DCH だから，DH＝CH

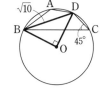

これにより，$\triangle$DCH は直角二等辺三角形です。

よって，$\angle$DCB＝45°

そこで円の中心を O とすれば図のように，$\angle$DOB＝2$\angle$DCB＝90° だから，

半径 DO＝$\dfrac{\sqrt{10}}{\sqrt{2}}$＝$\sqrt{5}$

続いての2円の問題も45°は効果的です。

問題 3. 右図は半径3 の円 O に $\triangle$ABC が内接している。

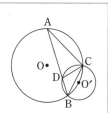

また中心 O′ が弧 CB 上にある別の円は，点 B, C を通り，線分 AB とは D で交わる。

AC＝$3\sqrt{2}$，CD＝2 のとき，円 O′ の半径を求めよ。

解法 $\triangle$AOC は，その辺の長さから，

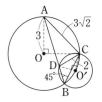

$\angle$AOC＝90° と分かる。

よって，$\angle$ABC＝45°

そこで $\triangle$CO′D に注目すれば，$\angle$CO′D＝90° だから，CO′＝$\dfrac{CD}{\sqrt{2}}$＝$\dfrac{2}{\sqrt{2}}$＝$\sqrt{2}$

最後に 2017 年の筑波大附属(一部略)です。

問題 4. 長さ $\sqrt{10}$ cm の線分 AB を直径とする円の周に，AC＝BC となる点 C，および点 D を右の図のようにとる。

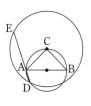

また，C を中心として D を通る円と DA の延長との交点を E とするとき，AE＝3cm であった。このとき，線分 CD の長さは何 cm か。

CD は大きな円の半径です。

解法 題意より，$\angle$ACB＝90°，CA＝CB だから，$\triangle$CAB は直角二等辺三角形です。

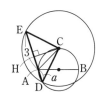

点 C は大きな円の中心だから，$\triangle$CED は CE＝CD の二等辺三角形。

また，$\angle$CBA＝$\angle$CDA＝45° だから，$\triangle$CED は直角二等辺三角形。

ここで AD＝a と置きます。

右図のように C から ED へ垂線 CH を引けば，

CH＝HD＝$\dfrac{1}{2}$ED

＝$\dfrac{a+3}{2}$

そこで $\triangle$CHA にて三平方の定理を用います。

AC＝$\dfrac{AB}{\sqrt{2}}$＝$\dfrac{\sqrt{10}}{\sqrt{2}}$＝$\sqrt{5}$

HA＝HD－AD

＝$\dfrac{a+3}{2}$－a＝$\dfrac{3-a}{2}$

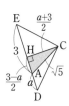

これらより，

$(\sqrt{5})^2$＝$\left(\dfrac{a+3}{2}\right)^2$＋$\left(\dfrac{3-a}{2}\right)^2$

a^2＝1 より，a＝1 ∴ ED＝1＋3＝4

∴ CD＝$\dfrac{ED}{\sqrt{2}}$＝$\dfrac{4}{\sqrt{2}}$＝$2\sqrt{2}$（cm）

2円の中心を結ぶ
相似を上手に使おう

半径が明らかな2円があるとき，考えなければいけない手筋があります．ここではそれを紹介しましょう．2円の出題はどうしても複雑になりがちですから，少しでも多くの知識を増やしたいところです．

まずは次の問題をやってみましょう．1996年の筑波大附属です．シンプルですが，ある知識がないと手ごわい問題です．

問題1. 右の図のように，半径が3cmと4cmの2つの円O，O′が2点A，Bで交わっている．
点Aを通る直線が円O，O′と交わる点をそれぞれC，Dとすると，線分BCの長さが5cmであった．このとき，線分BDの長さを求めなさい．

解法 右図のように，∠BOO′＝○，∠BO′O＝● と置きます．
すると，
∠AOB＝○○から，
∠ACB＝○
また∠AO′B＝●●から，∠ADB＝●
このことから，
$\boxed{△BCD∽△BOO′}$（≡△AOO′）
を示すことができます．

右図のような寸法だから，
CB：BD
＝OB：BO′
5：BD＝3：4
$BD＝\dfrac{20}{3}$（cm）

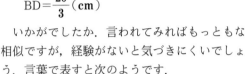

いかがでしたか．言われてみればもっともな相似ですが，経験がないと気づきにくいでしょう．言葉で表すと次のようです．

---
① 2円の交点と両円の中心を結んだ三角形を作る．
② 2円の一つの交点を頂点とし，その対辺がもう一方の交点を通る三角形を作る．すると，①と②は相似である．

続いての問題も，同じ考え方で打開します．

問題2. 半径がそれぞれ1，$\sqrt{3}$で，中心をO，O′とする2円が，図のように2点A，Bで交わっている．円Oの周上の点CはO′Oの延長上にあって，CBの延長と円O′との交点をDとする．
OO′＝2のとき，ADの長さを求めよ．

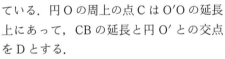

解法 ∠AOO′
$＝\dfrac{1}{2}$∠AOB
＝∠ACB
同様に，
∠AO′O
$＝\dfrac{1}{2}$∠AOB＝∠ADC
これより，
$\boxed{△ACD∽△AOO′}$
を示すことができます．

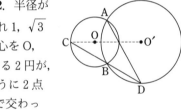

ところで△AOO′は，AO＝1，OO′＝2，O′A＝$\sqrt{3}$だから，∠AOO′＝60°です．

3点C，O，O′は一直線上にあるから，右図のようになっていて，△COA は頂角120°の二等辺三角形だから，

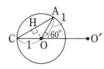

AH＝$\dfrac{\sqrt{3}}{2}$ から，AC＝$\sqrt{3}$

そこで，先ほどの相似へと戻ります．

AC：AD＝AO：AO′

だから，

$\sqrt{3}$：AD＝1：$\sqrt{3}$ ∴ AD＝**3**

最後は 2017 年の東京学芸大附属です．

問題 3. 図のように，線分 AB を直径とする円 O_1 があり，円 O_1 の周上に 2 点

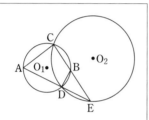

C，D がある．ただし，点 D は，直線 AB に対して点 C と反対側にある．円 O_2 は，円 O_1 と 2 点 C，D で交わる．点 E は，直線 AD と円 O_2 の交点のうち点 D でない方の点である．点 B がちょうど線分 CE 上にあり，BC＝11，BE＝13，AD＝14 のとき，以下の問に答えなさい．

（1） 線分 DE の長さを求めなさい．

（2） 直線 AC と円 O_2 の交点のうち，点 C でない方の点を点 F とする．線分 EF の長さを求めなさい．

（3） 四角形 CO_1DO_2 の面積を求めなさい．

解法 （1） 円 O_1 の方べきの定理より，

EB×EC＝ED×EA

ここで ED＝x として，

13×(13＋11)＝x×(x＋14)

(x＋26)(x−12)＝0

$x>0$ より，DE＝x＝**12**

（2） まず AC の長さを求めると，△CAB において，AB は円 O_1 の直径だから，

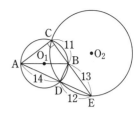

∠ACB＝90°

そこで△CAE にて三平方を用いると，

$AE^2＝AC^2＋CE^2$

$26^2＝AC^2＋24^2$ ∴ AC＝10

ここで円 O_2 の方べきの定理より，

AC×AF ＝AD×AE

CF＝y として，

10(10＋y) ＝14×26

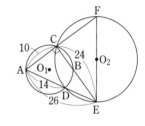

∴ CF＝y＝$\dfrac{132}{5}$

そして ∠FCE＝90°だから，△FCE にて三平方を用いると，

$EF^2＝24^2＋\left(\dfrac{132}{5}\right)^2$ ∴ EF＝$\dfrac{12\sqrt{221}}{5}$

（3） まず円 O_1 の直径を求めます．右図より，

AB＝$\sqrt{221}$

次に右図で，

△CAE ∽△CO_1O_2

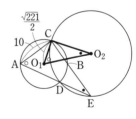

だから，

△CAE ：△CO_1O_2

＝$AC^2：O_1C^2＝10^2：\left(\dfrac{\sqrt{221}}{2}\right)^2$

ここで，△CAE＝$\dfrac{1}{2}$×10×24＝120 だから，

120：△CO_1O_2＝400：221 ∴ △CO_1O_2＝$\dfrac{663}{10}$

求める面積は，2△CO_1O_2＝$\dfrac{663}{5}$

数学ワザ ビギナーズ 37

"補角"を使うとやっぱり すごい，面積比の利用

今回は，次の性質をメインにします．

☆ 図で⑦と④の面積比は，$a×b:c×d$

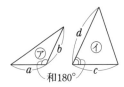

➡注 和が180°となるときの，2つの角同士の関係を補角をなすといいます．

この理由は以下の図のように，それぞれの高さが，ⓑ：ⓓとなることから，

$$⑦:④=\frac{1}{2}×a×ⓑ:\frac{1}{2}×c×ⓓ=ab:cd$$

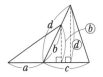

まず本誌2020年4月号の高数オリンピックの問題です．こちらは☆を使えるか？が鍵です．

問題 1. △ABC∽△ADE，∠BAC＞90°で，辺BCと辺DEは直交している．いま，△ABEの面積が10のとき，△ACDの面積を求めなさい．

解法 BCとDEの交点をFとします．

△ABC∽△ADE …① より，∠ACF＝∠AEF

よって，図1のように，4点A，F，C，E

は共円点.

すると，∠CAE＝∠CFE＝90° …………②

さらに①より，

∠CAB＝∠EAD

∠EAB＋∠CAE＝∠EAB＋∠DAB

∠CAE＝∠DAB

よって②から，∠DAB＝90°

すると，図2のように，

∠BAE＋∠DAC＝180°

だから，これら2つの角は補角をなすことがわかります．つまり，△ABEと△ACDの面積比の関係で☆が使えそうです．

☆より，△ABE：△ACD

＝AB×AE：AC×AD …………③

ここで①の辺の比をとり，

AB：AC＝AD：AE

整理して，AB×AE＝AC×AD

するとつまり，③は，△ABE＝△ACD

∴ △ACD（＝△ABE）＝**10**

（図1）　　　　　　（図2）

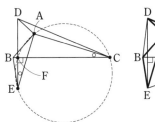
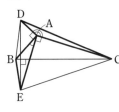

➡注 △ABCと△ADEは点Aを中心とする'回転系相似'．そこで△BAD∽△CAEとなっています．

問題 1 の解法は，右のような構図でも使われます．

2つの正方形に挟まれた，色の付いた三角形同士の面積が等しくなることを示せます．

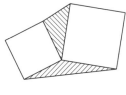

続いて2020年渋谷幕張の改題です．こちらは頻度が高い内接四角形です．

問題 2. 図のように AB を直径とする円 O において，OA＝3，BC＝4，BD＝2 であるとき，△ACD：△BCD を求めなさい.

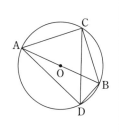

解法 円に内接する四角形の性質より，
$$\angle CAD + \angle CBD = 180°$$
これらは**補角をなす**ので，△ACD と△BCD の面積比の関係で☆を使えそうです.

AB＝6，∠ACB＝90° だから，△CAB で三平方の定理より，
$$AC = 2\sqrt{5}$$
同じく△DAB で三平方の定理より，
$$AD = 4\sqrt{2}$$

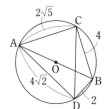

ここで☆より，

△ACD：△BCD
＝AC×AD：BC×BD
$$= 2\sqrt{5} \times 4\sqrt{2} : 4 \times 2 = \sqrt{10} : 1$$

ところで，AB と CD の交点を E として，AE：EB を考えます.

すると，AE：EB＝△ACD：△BCD だから，
$$AE : EB = \sqrt{10} : 1 \ \text{となります.}$$
つまり，
$$\left. \begin{array}{l} AP : PC \\ = ad : bc \\ BP : PD \\ = ab : cd \end{array} \right\} \cdots (\bigstar)$$

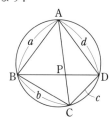

と表すことができます.

最後は 2019 年の宮城県の問題（一部略）です. ★がきれいに決まります.

問題 3. 次の図のように，△ABC について，点 D を直線 BC に対して点 A と反対

側で，線分 AD と辺 BC が交わり，∠ABC＝∠ADC となるようにとります. また，線分 AD と辺 BC との交点を E とし，点 B と点 D を結びます. AB＝11cm，BD＝2cm，AC＝10cm，∠ABD＝90° とします.

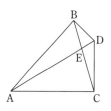

（1） 線分 CD の長さを求めなさい.
（2） 点 B を通り，辺 AC と垂直な直線と線分 AD との交点を F とします. 線分 EF の長さを求めなさい.

∠ABC＝∠ADC より，4 点 B，A，C，D は共円点…④ です.

解法 （1） △BAD で三平方の定理より，
$$AD = 5\sqrt{5}.$$
④より，
∠ACD＝90° だから，△CAD で三平方の定理より，CD＝**5（cm）**

（2） ★より，
$$AE : ED = AB \times AC : DB \times DC$$
$$= 11 \times 10 : 2 \times 5 = 11 : 1 \ \cdots\cdots\cdots⑤$$
また，BF∥DC だから，△BFE∽△CDE.
これと★より，
$$FE : DE = BE : CE$$
$$= BA \times BD : CA \times CD$$
$$= 11 \times 2 : 10 \times 5$$
$$= 11 : 25 \ \cdots\cdots⑥$$

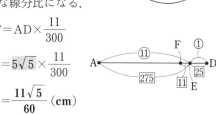

⑤，⑥より，右図のような線分比になる.
$$EF = AD \times \frac{11}{300}$$
$$= 5\sqrt{5} \times \frac{11}{300}$$
$$= \frac{11\sqrt{5}}{60} \ \text{（cm）}$$

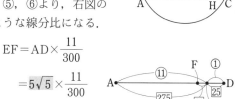

数学ワザ　ビギナーズ　38

円周上で最も遠い点はどこ？

平面図形

円周ないし円内の2点を結びます．改めて言うまでもありませんが，長さが最大になる線分は，円の直径 P_2Q_2 です．

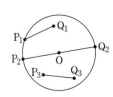

円内の線分の最長 ⇒ 円の中心を通る

➡注　上記から，直角三角形の3辺のうち，円の直径である斜辺 l が最長であることがわかります．………（※）

さて"面積が最大"という定番の問題です．

問題 1. 右図の半径2の円に，AB＝2の弦が引かれている．

円周上に点Pをとるとき，△PAB の面積の最大値を求めよ．

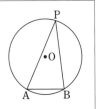

底辺 AB に対する高さを最大にとればいいのです．つまり直線 AB と点 P の距離の最大値を探ります．そこで右図のように，CH，DI，EJ と3本の垂線を立て，この中で CH が最大であることを示します．

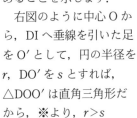

右図のように中心 O から，DI へ垂線を引いた足を O′ として，円の半径を r，DO′ を s とすれば，△DOO′ は直角三角形だから，※より，$r>s$

これより $r+h>s+h$ だから，CH＞DI

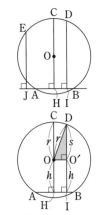

―――を利用します．

解法　P から AB へ下ろした垂線 PH は，円の中心 O を通ります．

△OAH で考えれば，OA＝2，H は AB の中点だから AH＝1 より，OH＝$\sqrt{3}$．よって面積の最大値は，

$$\frac{1}{2}\times2\times(2+\sqrt{3})=2+\sqrt{3}$$

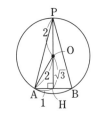

➡注　PA＝PB の二等辺三角形です．

続いても定番です．

問題 2. 右図の半径3の円に，AB＝BC＝3の四角形 ABCD が内接している．

このとき面積の最大値を求めよ．

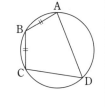

△ABC は固定されているので，△ACD の面積が最大になるようにします．

解法　D から線分 AC へ引いた垂線 DH は，円の中心 O を通ればよくて，すると H は AC の中点です（☞注）．

また △ABC は二等辺三角形だから，AC の中点 H と B を結べば，BH⊥AC です．

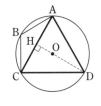

つまり，3点 B，H，D は一直線上にあって，なおかつこの四角形は BD に関して対称です．

△ABD において，AB＝3，BD＝6 から，AD＝$3\sqrt{3}$．よって求める面積の最大値は，

$$\frac{1}{2}\times3\times3\sqrt{3}\times2=9\sqrt{3}$$

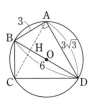

➡注　DA＝DC の二等辺三角形です．

関数でもやってみます．

問題 3. 右図で, 原点 O を通る半径 3 の円が, 直線 l, x 軸と交わる点をそれぞれ P, Q とする. 3 点 O, P, Q を通る円を動かしたとき, △POQ の面積の最大値を求めよ.

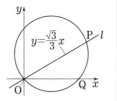

傾きから ∠POQ=30°
円の中心を R とすると, ∠PRQ=2∠POQ
　　　　　　=60°
よって PQ=3.
この PQ を底辺と考えます.

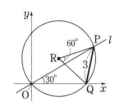

解法 右図のように, PQ の中点を M とし, OM が円の中心 R を通るようにします.

△PRM において, ∠PRM=30°, PR=3 だから, $RM=\dfrac{3\sqrt{3}}{2}$

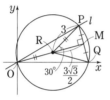

よって求める面積の最大値は,
$$\dfrac{1}{2}\times 3\times\left(3+\dfrac{3\sqrt{3}}{2}\right)=\dfrac{18+9\sqrt{3}}{4}$$

➡注 OP=OQ の二等辺三角形です.

続いては, '円外の点' から '円周上の点' までの最長の長さです.

こちらも右図のように, 円の中心を通る線分 AP がそうです.

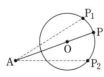

これは右図のように示せます.
AO の延長と円との交点を B とし, AB を直径とする円 O′ を新たに描きます.

すると円 O と円 O′ は点 B で接するので,

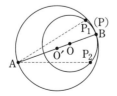

円 O の周上にある点 P が, この点 B にあるときが最長です.

問題 4. 右図の半径が 4 の球において, 面 S は半径 2 の切断面である.

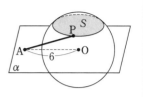

いま, 球の中心 O を含み, 面 S と平行な面を α とする. この α 上に点 A を AO=6 となるようにとる.

円 S の周上にとった点 P と点 A を結ぶとき, その最長の長さを求めよ.

面 S の中心 S と, O との距離を計算します. 平面 α と垂直な断面で見れば, 右図のようになるから, SO=$2\sqrt{3}$

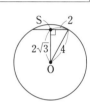

解法 点 P から面 α へ垂線を下ろし, その足を P′ とします. そこで △APP′ から, AP の長さを求めます.

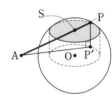

PP′=SO=$2\sqrt{3}$ と一定だから, AP′ の長さを最長になるようにとれば, AP もそれに伴い最長になります.

そこで AP′ は球の中心 O を通ればよくて,

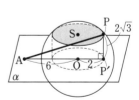

　AP′
　=AO+OP′
　=AO+SP
　=6+2=8
最後に, △APP′ にて三平方の定理より,
　AP²=AP′²+PP′²=8²+($2\sqrt{3}$)²=76
よって AP の最長の長さは, $2\sqrt{19}$

プロローグ③

立体の表面の一筋は，三平方を駆使しよう

図1の正四面体において，線分 BM の長さを考えます．

図 1

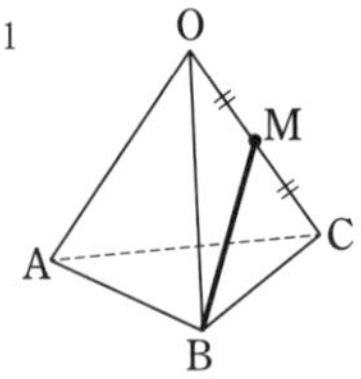

図2のような側面 OBC をみれば，△OBC は正三角形ですから，

BM⊥OC

です．

図 2

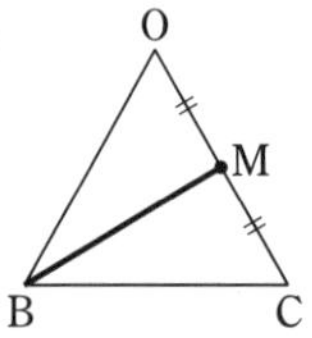

もし図1の正四面体の1辺を6とすれば，

BO=6，OM=3

だから，△BOM の三平方の定理により，

$BM^2=BO^2-OM^2=6^2-3^2=27$

∴　$BM=3\sqrt{3}$

このことは，すべての辺の長さの等しい正四角すいや，正八面体であっても同様です．

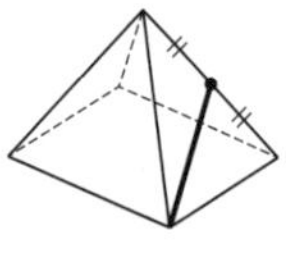

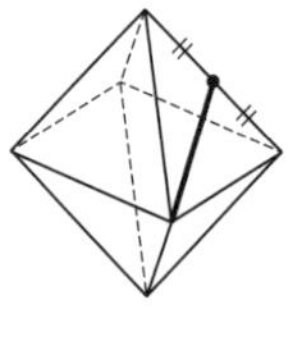

いずれの場合であっても，**側面の図形に注目し，三平方の定理を施す**ことにかわりはありません．これらは高校入試でよく使われる技法です．

問題 1. 次の各問において，（1），（2）は線分 BP の長さを，（3）は線分 PQ の長さを求めよ．

（1）　1辺が4の正四面体

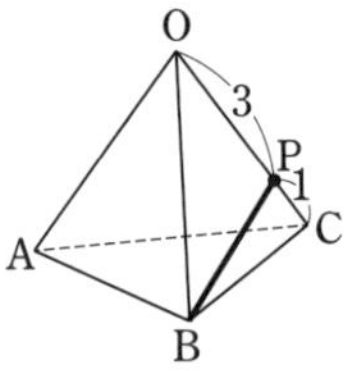

（2）　すべての辺が6の正四角すい

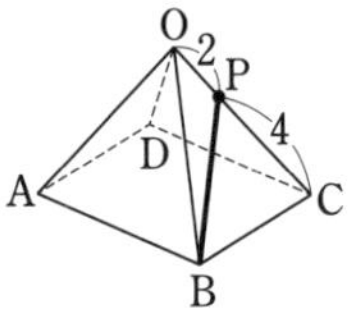

（3）　1辺が6の正四面体

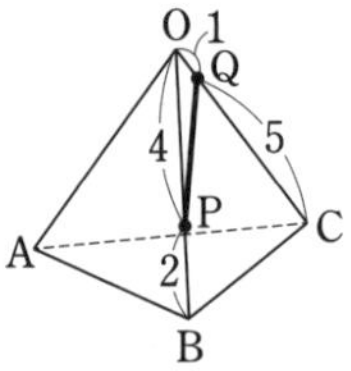

解法　いずれの問も，線分の載る側面 OBC は正三角形です．

そこで（1），（2）では，頂点 B より辺 OC へ垂線 BH を下ろせば，H は辺の中点だから下図のようになります．色の付いた三角形の三平方の定理より求めます．

（1）

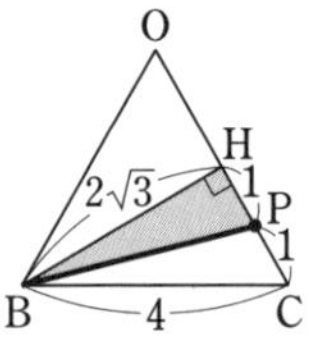

∴　$BP=\sqrt{\mathbf{13}}$

（2）

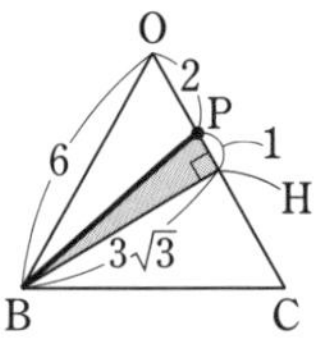

∴　$BP=\mathbf{2\sqrt{7}}$

（3）　P から OC へ垂線を下ろし足を H とし，△OPH でみれば∠O=60° だから，OH=2，$PH=2\sqrt{3}$ となります．

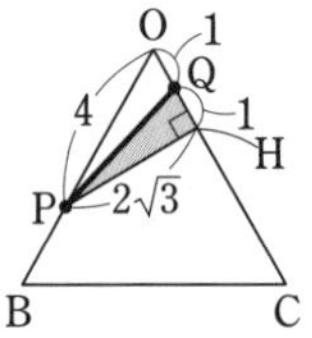

すると QH=1 だから，色の付いた三角形の三平方の定理から，$PQ=\sqrt{\mathbf{13}}$

このように**側面が正三角形ならば，頂角 60° を利用**します．それも上手に．

まとめた問題をやってみましょう．

問題 2. 次の各問において，太線で囲まれた図形の辺はどのような長さになるか．

（1）　1辺が6の
正四面体

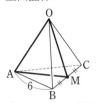

（2）　すべての辺が
4の正四角すい

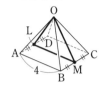

（3）　すべての辺が
6の正四角すい

（4）　すべての辺が
8の正四角すい

（5）　1辺が6の正四面体

OP：PC＝1：2
OQ：QA＝1：2
BR：RA＝2：1
BS：SC＝2：1

解法　（1）

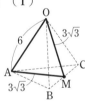

（2）

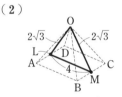

（3）

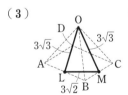

（4）

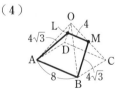

➡**注**　LM は △LBM で三平方.

（5）　△QAR において∠A＝60°，AQ＝4，
AR＝2 だから，∠QRA＝90°です．よって，
QR＝2√3．これは PS も同じです．

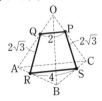

最後に側面が正三角形ではないものも紹介し
ましょう.

問題 3. 次の各問において，太線で囲ま
れた図形の辺はどのような長さになるか.
（1）　1辺が4の
立方体

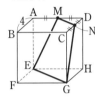

（2）　OA＝OB＝OC
＝2，∠AOB＝∠BOC
＝∠COA＝90°
の四面体

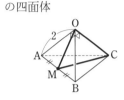

解法　（1）　正方形の面 AEHD に注目します.
AM＝2，AE＝4，∠EAM＝90° だから，
△AEM の三平方の定理により，ME＝2√5.
NG も同じなので下図のようになります.

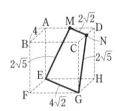

（2）　△OAB≡△OBC≡△OCA だから，
△ABC は正三角形です．△OAB で考えれば，
OA＝2，OB＝2 だから，三平方の定理により
AB＝2√2．これが正三角形の一辺です.

このことにより，右図
のようになります（➡注）.

➡**注**　△OMC の3辺の比
から，三平方の定理の逆が
成り立ち，
∠COM＝90° です.

これは右図のような1
辺2の立方体に埋め込む
ことで理解できるでしょ
う.

89

空間内の線分には, '面積' や '線分比' を有効に使おう

まず次の問題をやってみましょう.

問題 1. OA＝OB＝OC ＝6, △ABC は1辺が 4の正三角形.

このとき, BP の長さ を求めよ.

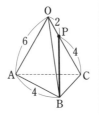

立体全体を見渡すというよりも, 1つの側面 △OBC に注目します.

解法 頂点 O から底辺 BC へ垂線 OH を下ろせば, H は BC の中点です.

△OBH にて三平方の定 理より, OH＝$4\sqrt{2}$……①

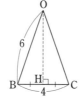

＜解法1 面積を介する＞

頂点 B から辺 OC へ垂線 BI を引き, △PBI にて三平方の定理を使って解決します.

その BI は, △OBC の面積を介します.

$$\triangle OBC = BC \times OH \times \frac{1}{2}$$

$$\triangle OBC = OC \times BI \times \frac{1}{2}$$

だから, BC×OH＝OC×BI (…☆) です.

☆より, 4×①＝6×BI ∴ BI＝$\frac{8\sqrt{2}}{3}$

すると【図1】にもあるように, △IBC にて三平方の定理より, IC＝$\frac{4}{3}$

∴ PI＝PC－IC＝$4-\frac{4}{3}=\frac{8}{3}$

最後に △PBI にて三平方の定理より,

$$BP = \frac{8\sqrt{3}}{3}$$

＜解法2 線分比を利用する＞

【図2】にもあるように, P から BC へ垂線 PJ を下ろします. すると PJ：OH＝2：3 より,

$$PJ = ① \times \frac{2}{3} = \frac{8\sqrt{2}}{3}$$

また, HJ：JC＝OP：PC＝1：2 であること から, HJ＝HC×$\frac{1}{3}=\frac{2}{3}$

∴ BJ＝BH＋HJ＝$2+\frac{2}{3}=\frac{8}{3}$

ここで, △PBJ にて三平方の定理を使えば, BP の長さが求まります.

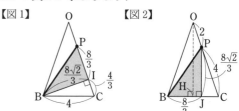

【図1】　　　　　　【図2】

いかがでしたか. ここでは '面積を介する', '線分比を利用する' の2つの解法を示しました. 皆さんはどちらが得意ですか?

問題 2. 右図の正四角 すいは, 底面の1辺が 4, その他の辺の長さ が3である.

OP：PC＝1：1 のと き, AP の長さを求めよ.

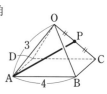

二等辺三角形 OAC を抜き出します.

解法 頂点 O から AC へ垂線 OH を下ろせば, H は AC の中点だから,

AH＝$2\sqrt{2}$

△OAH を使えば,

OH＝1………②

＜解法1 面積を介する＞

A から直線 CO へ垂線 AI を引きます.

△OAC の面積から, ☆と同じようにして,

AC×OH＝OC×IA

立体図形

よって，$4\sqrt{2}\times②=3\times IA$ ∴ $IA=\frac{4\sqrt{2}}{3}$

△OACは鈍角三角形だから，点Iは【図3】のような位置にあります．そこで，△IAOにて三平方の定理より，$IO=\frac{7}{3}$

$$OP=\frac{1}{2}\times OC=\frac{3}{2}，\quad IP=IO+OP=\frac{23}{6}$$

よって，△IAPにて三平方の定理より，

$$AP=\frac{\sqrt{73}}{2}$$

<解法2　線分比を利用する>

【図4】にもあるように，PからACへ垂線PJを下ろします．すると，

$PJ:OH=1:2$より，$PJ=②\times\frac{1}{2}=\frac{1}{2}$

また，$HJ:JC=OP:PC=1:1$だから，

$$HJ=HC\times\frac{1}{2}=\sqrt{2}$$

これより，$AJ=AH+HJ=3\sqrt{2}$

ここで△PAJにて三平方の定理を用いれば，APが求まります．

【図3】　　　　【図4】

最後にちょっと難しいかもしれませんが，チャレンジしてみてください．

問題 3. 底面が1辺4の正方形で，それ以外の辺が6の正四角すいがある．OA上の点PがOP=4，OC上の点QがOQ=2を満たすとき，PQの長さを求めよ．

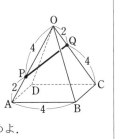

△OACを使います．

解法 頂点Oから底辺ACへ垂線OHを下ろせば，HはACの中点だから，$OH=2\sqrt{7}$ ………③

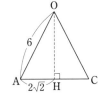

<解法1　面積を介する>

AからOCへ垂線AIを下ろします．

△OACの面積から，☆と同じようにして，

$$AC\times OH=OC\times IA$$

これより，$4\sqrt{2}\times③=6\times IA$

$$IA=\frac{4\sqrt{14}}{3}\quad\cdots\cdots\cdots\cdots\cdots\cdots④$$

ここで，【図5】のようにします．

点PからOCへ下ろした垂線の足をJとすると，$PJ:AI=OP:OA=2:3(\cdots★)$だから，

$$PJ=AI\times\frac{2}{3}=④\times\frac{2}{3}=\frac{8\sqrt{14}}{9}\quad（※1）$$

次にQJの長さを求めます．

△OAIで三平方の定理から，$OI=\frac{10}{3}$…⑤

ここで，OJ：OIの比は★だから，

$$OJ=OI\times\frac{2}{3}=⑤\times\frac{2}{3}=\frac{20}{9}$$

$$QJ=OJ-OQ=\frac{20}{9}-2=\frac{2}{9}\quad（※2）$$

以上※1，※2より△QPJにて三平方の定理より，$PQ=\frac{10}{3}$

<解法2　線分比を利用する>

【図6】のように，AC∥PEとなる点E，またOH∥QFとなる点Fをとり，その交点をLとします．

するとPE⊥QFだから，∠QLP=90°です．

そしてこの解法の着地点は，△QPLにて三平方の定理を用いることです．

$$PL=PE\times\frac{3}{4}=AC\times\frac{2}{3}\times\frac{3}{4}=2\sqrt{2}$$

$$QL=QF\times\frac{1}{2}=OH\times\frac{2}{3}\times\frac{1}{2}=\frac{2\sqrt{7}}{3}$$

ここから計算します．

【図5】　　　　　【図6】

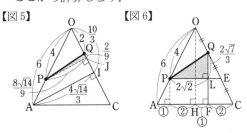

正多面体の切断面に着目し, 空間内を射る線分の長さを求める

　空間内の線分を求めるのに, ひと工夫を加えることで, 実にあっさりと計算できるものがあります.

　ここでは, このような問題ばかりを紹介します.

> **問題 1.** 右の1辺が2の正四面体において, 点P, Qはそれぞれ辺OA, BCの中点であるとき, 線分PQの長さを求めよ.

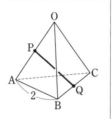

　右図のような, PB＝PCの二等辺三角形を準備してもいいですが….

解法　他に点R, Sを辺AB, OCの中点にとり, 4点P, R, Q, Sを結びます.

　するとこの4点は,
$$PS /\!/ RQ (/\!/ AC)$$
より同一平面上にあることがわかります.

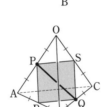

　そこで, $PS＝RQ＝\dfrac{1}{2}AC \cdots ①$,

$PR＝SQ＝\dfrac{1}{2}OB \cdots ②$で, ①＝②から, 四角形PRQS(★)はひし形です.

　また対称性によって, PQ＝SRがいえるから, 図形★は対角線の長さが等しいひし形だから, この結果"**正方形**"とわかります.

　この正方形PRQSの1辺は1だから,
$$PQ＝\sqrt{2}$$

　説明は長くなりましたが, 気づけばとてもシンプルに解決できることが見て取れます.

　では正四面体でもう一題です.

> **問題 2.** 右の1辺が6の正四面体において, OP：PA＝1：2 BQ：QC＝1：2 のとき, 線分PQの長さを求めよ.

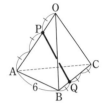

解法　補助として右図のような点R, Sをとり, 4点P, R, Q, Sを結びます.

　この四角形PRQSは
$$PS /\!/ RQ (/\!/ AC)$$
$$PR /\!/ SQ (/\!/ OB)$$

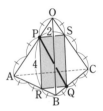

より平行四辺形. また, 対称性によりPQ＝SRだから, "**長方形**"とわかります.

　この長方形の長辺の長さは4, 短辺の長さは2だから, $PQ＝2\sqrt{5}$になります.

　次は正八面体です. こちらも対称性が存分に活きます.

> **問題 3.** 右の1辺が1の正八面体において, 点P, Qはそれぞれ辺AB, DFの中点であるとき, 線分PQの長さを求めよ.

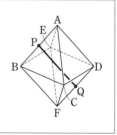

解法　4点A, B, F, Dに注目します. これらを結ぶと, 正八面体の対称性により同一平面上にあります.

立体図形

そこで四角形 ABFD は AB＝BF＝FD＝DA だからひし形．また対称性により，AF＝BD だから "正方形" とわかります．

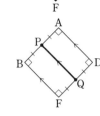

そこで P，Q は各辺の中点であったから，AD∥PQ で，PQ は正方形の1辺と同じ長さです．

∴ PQ＝1

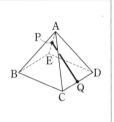

正八面体を利用するものとして次の問題があります．高校入試で何度か見かけました．

問題 4. 右はすべての辺の長さが4の正四角すいである．点 P，Q がそれぞれ辺 AE，CD の中点であるとき，線分 PQ の長さを求めよ．

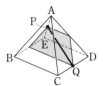

一見とても求めにくいように映りますが，ある加工をすることで，意外に単純な設問であることがすぐにわかります．

方法として右図のような等脚台形にしても（色の付いた図形），これでもまだ面倒な計算が残ります．

解法 まず EBCD の下側に，合同な正四角すいをくっつけ，正八面体を作ります．

そこで右図のように辺の中点を取り，これを結べば対称性により，"正六角形" になります．

つまり PQ は右図のような位置にあるから，

PQ＝**2√3**

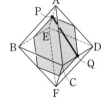

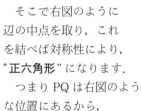

最後は，補助として立体を利用する場合です．

問題 5. 右図は1辺6の正八面体である，△ACD，△FBE の重心をそれぞれ G_1，G_2 とするとき，線分 G_1G_2 の長さを求めよ．

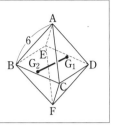

点 M，N をそれぞれ辺 CD，BE の中点とし，面 ANFM を抜きだしてもいいのですが，別の方法があります．

解法 各面の重心を取り右図のように結びます．するとこの8点から作られる立体は "立方体" になります．

つまり線分 G_1G_2 は，こうしてできる立方体の対角線です．

さてこの立方体の，1辺の長さを次のようにして求めます．

△ABE，△ABC，△ADE の重心を G_3，G_4，G_5 とします．

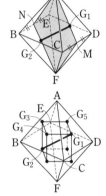

そこで，面 $G_1G_5G_3G_4$ は面 BCDE と平行だから，正八面体を真上から見た図を利用します．この図から G_1G_3 の長さを求めます．

右上図から，

$$G_1G_3 = \frac{4}{6}MN = \frac{2}{3} \times 6 = 4$$

つまり立方体の1辺は $2\sqrt{2}$ だから，その対角線は次のようになります．

$$G_1G_2 = 2\sqrt{2} \times \sqrt{3}$$
$$= \mathbf{2\sqrt{6}}$$

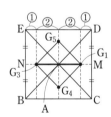

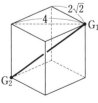

数学ワザ　ビギナーズ　40
正四面体に登場する さまざまな シチュエーション

入試の常連といえる正四面体について，これまでも様々みていきました．ここでは'断面'に絞った話です．

問題 1．1辺が6の正四面体がある．このとき次の各図において，色の付いた切断面の面積を求めよ．

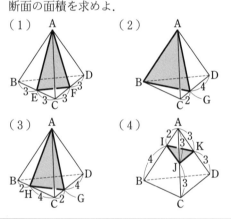

（1）　（2）　（3）　（4）

解法（1）　△AEF は，AE＝AF＝$3\sqrt{3}$，EF＝3 の二等辺三角形だから，L を EF の中点とすると，AL＝$\dfrac{3\sqrt{11}}{2}$

よって求める面積は，

$\dfrac{1}{2}\times3\times\dfrac{3\sqrt{11}}{2}=\dfrac{9\sqrt{11}}{4}$

（2）　△ACD において，M を辺 CD の中点とすると，AM＝$3\sqrt{3}$，GM＝1 から，AG＝$2\sqrt{7}$
これは BG も同じです．

そこで △ABG へ目を移し，辺 AB の中点を N とすれば，GN⊥AB だから GN＝$\sqrt{19}$

よって求める面積は，$\dfrac{1}{2}\times6\times\sqrt{19}=\mathbf{3\sqrt{19}}$

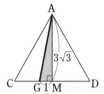

（3）　△HCG において，HC＝4，CG＝2，∠C＝60° だから，∠HGC＝90°

よって，HG＝$2\sqrt{3}$

ここで（2）より，AH＝AG＝$2\sqrt{7}$ だから，△AHG において辺 HG の中点を O とすれば，HG⊥AO より AO＝5．よって求める面積は，

$\dfrac{1}{2}\times2\sqrt{3}\times5=\mathbf{5\sqrt{3}}$

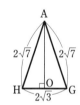

（4）　△ABC において，点 J から辺 AB へ垂線 JP を引く．このとき AJ＝3，∠A＝60° だから，AP＝$\dfrac{3}{2}$，JP＝$\dfrac{3\sqrt{3}}{2}$

そこで PI＝AI－AP＝$2-\dfrac{3}{2}=\dfrac{1}{2}$ より，△PIJ での三平方により，JI＝$\sqrt{7}$

よって △KIJ において，KJ の中点を Q とすれば，KJ＝3，IQ⊥KJ より，IQ＝$\dfrac{\sqrt{19}}{2}$

求める面積は，

$\dfrac{1}{2}\times3\times\dfrac{\sqrt{19}}{2}=\dfrac{3\sqrt{19}}{4}$

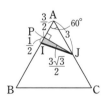
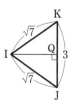

94

立体図形

続いては体積比の問題を2題です．（2）は断面ではないですが…．

問題 2. 正四面体 ABCD があるとき，次の各問に答えよ．

（1）点 E, F, G, H, I, J の6点は各辺の中点である．この6点を結んでできる図の立体の体積は，全体のどれだけか．

（2）△ABC，△ACD，△ADB，△BCD の重心をそれぞれ G_1, G_2, G_3, G_4 とするとき，この4点を結んでできる図の立体の体積は全体のどれだけか．

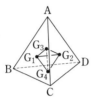

解法 （1）立体 A-EIH（★）は正四面体 ABCD（☆）と相似で，相似比は 1:2．

よって，☆の体積を V とすれば，★の体積は，$\left(\dfrac{1}{2}\right)^3 V = \dfrac{1}{8}V$

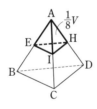

立体 B-EFJ，C-IFG，D-HJG も合同なので，求める八面体 IEFGHJ（☞注）の体積は，

$$V - \dfrac{1}{8}V \times 4 = V - \dfrac{1}{2}V = \dfrac{1}{2}V \quad \therefore \quad \dfrac{1}{2}$$

➡**注** 正四面体の中に，正八面体が埋め込まれていることがわかります．

（2）対称性より $G_1G_2G_3G_4$ を結んだ各線分の長さは等しく，できあがる立体も正四面体です．そこで，△$G_1G_2G_3$ ∥ △BCD だから，真上から眺めた図で考えます．

頂点 A から面 BCD へ下ろした垂線の足を H とし，DH を延長し BC との交点を L とすれば中点で，同様に図で M も中点です．

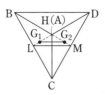

このことから，$LM = \dfrac{1}{2}BD$ ………①

さてここで，G_1 は重心だから，

$AG_1 : G_1L = 2:1$（$AG_2 : G_2M$ も同様）

つまり，$G_1G_2 = \dfrac{2}{3}LM = \dfrac{2}{3} \times$ ①

$$= \dfrac{2}{3} \times \dfrac{1}{2}BD = \dfrac{1}{3}BD$$

このことから体積比を利用して，$\left(\dfrac{1}{3}\right)^3 = \dfrac{1}{27}$

➡**注** 正四面体の中に正四面体．

最後は回転体です．2016年慶應志木の問題（一部略）です．

問題 3. 1辺の長さが $4\sqrt{2}$ の正四面体 ABCD がある．辺 CD の中点を E，線分 CE の中点を F とする．△ABF を辺 AB のまわりを回転させてできる立体の体積を求めよ．

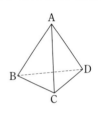

解法 右図のような △AEF を使い，AF の長さをまず求めます．

$EF = \sqrt{2}$，$AE = 2\sqrt{6}$ から，$AF = \sqrt{26}$．

そこで △ABF に注目すれば，$AF = BF$ の二等辺三角形だから，F から AB へ下ろした垂線の足 H は，AB の中点です．

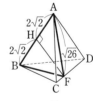

△AHF の三平方で，$FH = 3\sqrt{2}$．

よって求める回転体の体積は，右図のようにコーンを上下にくっつけたような形となって，$\dfrac{1}{3} \times (3\sqrt{2})^2 \pi \times 4\sqrt{2} = \mathbf{24\sqrt{2}\,\pi}$

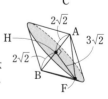

立方体の対角線と, 垂直に交わる断面の変移

では問題で試してみましょう.

問題 1. 1辺6の立方体がある. このとき, 点 A と △DEB の距離 AI を求めよ.

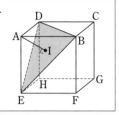

立方体の断面 DEB が正三角形という設定なので, Ⅰ. です.

解法 対称面 AEGC を抜き出すと, 点 I はこれに含まれます. AC と DB の交点を M とすれば, Ⅰ. より AG⊥EM なので, 点 I はこれらの交点と一致します (求める長さは図の──部分).

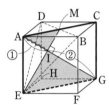

△AIM∽△GIE でその比は, AM：GE＝1：2 だから,

$$AI = AG \times \frac{1}{3} = 6\sqrt{3} \times \frac{1}{3} = 2\sqrt{3}$$

さらに対角線と断面の関係を突き詰めます.

線分 BD, FH 上にそれぞれ点 J, K を, IF∥JK となるようにとります.

すると BH⊥JK です.

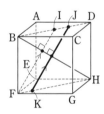

いま点 J を, 点 I から点 D まで動かします. そのとき, 線分 JK を含み面 BFHD について対称な断面の様子が,

【図3】→【図4】→【図5】です.

【図3】

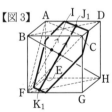

1辺が1の立方体 ABCD-EFGH の, 対角線 BH を引きます.

ここで面 BFHD を抜き出すと, △BHD の辺の比は【図1】のようになっています.

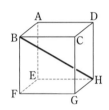

さて, 線分 BD 上に点 I をとり, 頂点 F と I を結びます. ここで【図2】のように, FI が, BH と点 P で直交するように I をとりましょう. すると, △BDH∽△FBI です(☞注).

したがって, $BI = BF \times \frac{1}{\sqrt{2}} = \frac{\sqrt{2}}{2}$ だから, 点 I は BD の中点とわかります.

【図1】

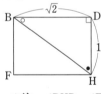

【図2】

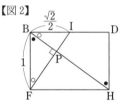

➡注 ∠DHB＝∠FBH だから,
∠DBH＝90°−∠DHB＝90°−∠FBH＝∠BFI…①
これと ∠BDH＝∠FBI＝90° ……………②
以上①, ②より成り立つ.

さて, 線分 IF を含み, 面 BFHD について対称な面は, △AFC です.

そのことから, BH⊥△AFC がわかります.

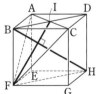

Ⅰ. 立方体の断面が正三角形ならば, 対角線と垂直に交わる.

【図4】

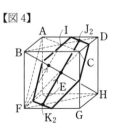

【図5】

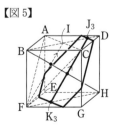

形の変移は，右の見
取り図からも理解でき
るかもしれませんね．

　断面は，次のように，Ⅰ正三角形→Ⅱ六角形
→Ⅲ正六角形→Ⅱ六角形→Ⅰ正三角形，と変化
します．

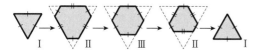

Ⅱ．立方体の断面が辺が1つおきに等しい
　六角形ならば，対角線と垂直に交わる．
Ⅲ．立方体の断面が正六角形ならば，対角
　線と垂直に交わる．

　再び対角線BH
についてまとめる
と，右のようにな
ります．

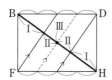

問題 2. 1辺6の立方
体がある．点L，M，
N，O，P，Qがそれ
ぞれの辺の中点であると
き，立体 B–LMNOPQ
の体積を求めよ．

　LM＝MN＝NO＝OP＝PQ＝QL であること
と，LO＝MP＝NQ から，6点L，M，N，O，
P，Q を結ぶと正六角形になります．

　そこで，頂点 B から正六角形に垂線 BI を下
ろし，

$$\frac{1}{3}\times 正六角形 \times BI$$

として体積を求めます．
　Ⅲ．の利用です．

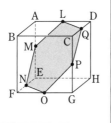

解法 BD と LQ，FH
と NO との交点をそれぞれ J，K とします．

　すると，この図形は
面 BFHD について対称
だから，対角線 BH と
JK の交点が I です．
　右図のように，
△BIJ≡△HIK から，I
は BH の中点です．

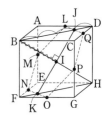

　よって，$BI＝\frac{1}{2}BH＝\frac{1}{2}\times 6\sqrt{3}＝3\sqrt{3}$

　また正六角形 LMNOPQ の面積は，

$$\frac{\sqrt{3}}{4}\times(3\sqrt{2})^2\times6＝27\sqrt{3}$$

つまり，求める体積は，

$$\frac{1}{3}\times27\sqrt{3}\times3\sqrt{3}＝\mathbf{81}$$

問題 3. 1辺8の立方
体がある．
AJ：JD＝AK：KE
＝CI：ID＝CN：NG
＝FL：LE＝FM：MG
＝1：3 である．
　このとき，図形 IJKLMN と頂点 B の距
離を求めよ．

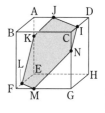

　辺の長さが1つおきに等しい六角形なので，
Ⅱより対角線 BH と垂直に交わります．この図
形も面 BFHD について対称です．

解法 BD と IJ，FH と LM の交点をそれぞれ
O，P とします．

　すると，
BO＝BD－OD
＝$8\sqrt{2}－3\sqrt{2}$
＝$5\sqrt{2}$

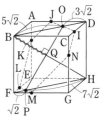

　HP＝HF－PF
＝$8\sqrt{2}－\sqrt{2}＝7\sqrt{2}$

BH と OP の交点を Q とすると，
△BQO∽△HQP で，その比は 5：7．
　求める距離 BQ は，

$$∴\quad BQ＝BH\times\frac{5}{5+7}＝8\sqrt{3}\times\frac{5}{12}＝\frac{\mathbf{10\sqrt{3}}}{\mathbf{3}}$$

97

立方体の断面を, 対称面に注目すれば

右図のように, 立方体は面 BFHD について対称です. 前回は, この対角線 BH と垂直な断面を考えました.

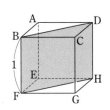

今回はその他にもある, <u>面 BFHD について対称な</u>, 代表的な "立方体の断面" をいくつか紹介します.

ここでは立方体の 1 辺を 1 とし, 線分 BD, FH をそれぞれ 4 等分し明らかにしていきます.

① P_1F を結ぶ…断面は「二等辺三角形」

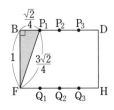

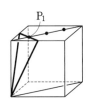

①′ P_2Q_1 を結ぶ…断面は「等脚台形」

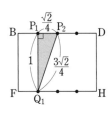

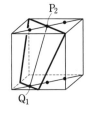

② P_3F を結ぶ…断面は「五角形」

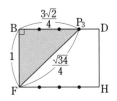

③ DF を結ぶ…断面は「ひし型」

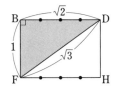

このように分類されましたが, どれも入試でよく見かける構図ですね.

その中で注目しておきたいのは①′ です.

H から P_2Q_1 へ垂線 HI を引けば, その長さは立方体の 1 辺の長さと等しくなります.

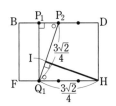

その理由は,

$$\angle P_1P_2Q_1 = \angle IQ_1H \quad\cdots\cdots\cdots\cdots\cdots (\text{i})$$

これと, $Q_1H = \dfrac{3\sqrt{2}}{4} = P_2Q_1 \quad\cdots\cdots\cdots (\text{ii})$

（i）,（ii）から, 直角三角形において, 斜辺と一鋭角がそれぞれ等しいから,

$$\triangle P_1Q_1P_2 \equiv \triangle IHQ_1$$

したがって, $P_1Q_1 = HI = 1 (= BF)$

これは入試のネタとしても度々登場します.

また間違えやすいのが③です. 頂点 B から切断面へ下ろした垂線は, BH とは一致しません. うっかりミスに注意しましょう.

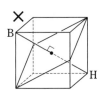

では次の問題で①′ を試しましょう.

立体図形

問題 1. 1辺4の立方体があり，AD，CD の中点をそれぞれ M，N とする．このとき，立体 B-MNGE の体積 V を求めよ．

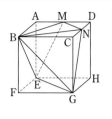

求める立体は，等脚台形 MNGE を底面とし，頂点 B からこの面に下ろした垂線 BK を高さ，とみなすことができます．

解法 ・等脚台形 MNGE の面積 S

BD と MN の交点を L，FH と EG の交点を J とします．また J から BD へ垂線 JI を下ろします．すると，

$IJ=4$，$IL=\sqrt{2}$ より，$LJ=3\sqrt{2}$

$MN=2\sqrt{2}$，$EG=4\sqrt{2}$ だから，$S=18$

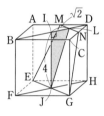 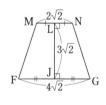

・頂点 B から等脚台形 MNGE へ下ろした垂線 BK の長さ h

L から FH へ垂線 LO を引きます．また B より，LJ へ下ろした垂線の足を K（☞ 注）とします．

➡**注** この立体は面 BFHD について対称なので，K は LJ 上になります．

先ほども話したように，△BKL≡△LOJ なので，BK＝LO
よって $h=4$

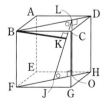

以上より求める体積は，$V=\dfrac{1}{3}Sh=\dfrac{1}{3}\times18\times4=\textbf{24}$

次は②です．

問題 2. 1辺4の立方体があり，AD，CD の中点をそれぞれ M，N とする．いま，3点 M，F，N を通る平面で立方体を切断するとき，辺 AE，CG と交わる点をそれぞれ L，K とする．このとき，五角形 MLFKN の面積 S を求めよ．

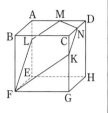

L と K は，面 BFHD について対称です．

解法 右図のように，
△MDN≡△JCN
より，JC＝2
これらより，

$JN=NM=MJ'$
　$=2\sqrt{2}\ \cdots$(iii)

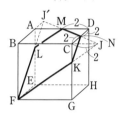

それに，JK：KF＝JC：CB＝1：2 ……(iv)

BD と MN の交点を I とすると，△IBF において，

$BI=3\sqrt{2}$ だから，

$IF=\sqrt{34}$

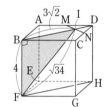

準備が整ったところで五角形の求積です．
$S=\triangle J'FJ-(Ⓐ+Ⓑ)$
としますが，この図形は IF について対称なので，

$S=\triangle J'FJ-Ⓐ\times2$

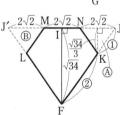

まず，$\triangle J'FJ=(J'M+MN+NJ)\times IF\times\dfrac{1}{2}$

(iii) より，$\dfrac{1}{2}\times(2\sqrt{2}\times3)\times\sqrt{34}=6\sqrt{17}$

Ⓐの面積で，K から JJ' へ下ろした垂線の長さは(iv)から，$\sqrt{34}\times\dfrac{1}{3}=\dfrac{\sqrt{34}}{3}$

$Ⓐ=\dfrac{1}{2}\times2\sqrt{2}\times\dfrac{\sqrt{34}}{3}=\dfrac{2\sqrt{17}}{3}$

∴ $S=6\sqrt{17}-\dfrac{2\sqrt{17}}{3}\times2=\dfrac{\textbf{14}\sqrt{\textbf{17}}}{\textbf{3}}$

直角三角形の相似を利用する，面への距離

まず有名な展開図の問題です．

問題 1. 図のような1辺が1の正方形ABCDの紙がある．

いまこの紙を，点A，B，Cが1つに重なるように，DM，DN，MN を折り目として組み立てる．

でき上がった立体において，頂点Bと△DMNの距離を求めよ．

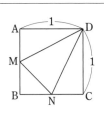

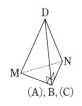
(A), B, (C)

点AとBは重なるので，展開図で点Mは辺ABの中点で，点Nも辺BCの中点です．つまり辺MNの中点をLとすれば，この立体は△DBL について対称です．

ここでは △DBL に注目です．

解法 求める距離は，Bから辺DLへ下ろした垂線BHです．

△MBN⊥DB だから，△DBL は∠DBL＝90°の直角三角形です．

$BM=BN=\dfrac{1}{2}$ だから，

$MN=\dfrac{\sqrt{2}}{2}$

よって，$BL=\dfrac{\sqrt{2}}{4}$

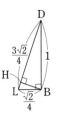

それと DB＝1 から，$DL=\dfrac{3\sqrt{2}}{4}$

ここから，BH の長さを求めます．
△BHL∽△DBL だから，

BH：BL＝DB：DL

$BH：\dfrac{\sqrt{2}}{4}=1：\dfrac{3\sqrt{2}}{4}$ ∴ $BH=\dfrac{1}{3}$

ここでのポイントは下線を引いた三角形の相似の利用でした．今回は相似にこだわります．

続いては，2014年の東邦大付東邦です．

問題 2. 右図のような四面体 ABCD があります．

∠BAC＝∠CAD
＝∠DAB＝90°，
BD＝6，BC＝CD＝5

です．このとき，次の問に答えなさい．
（1） AB の長さを求めなさい．
（2） △BCD を底面とするとき，四面体ABCD の高さを求めなさい．

長さを書き込むと，右のようになります．

解法（1） △ACB と △ACD において，

$\begin{cases} \angle BAC=\angle DAC=90° \\ BC=DC=5 \\ AC \ 共通 \end{cases}$

より，△ACB≡△ACD だから，AB＝AD

∠BAD＝90°から，$AB=6\times\dfrac{1}{\sqrt{2}}=3\sqrt{2}$

（2） 3つの直角が集まった∠Aを隅にしたのが右図です．すると四面体ABCDは，立方体の角にあたるところです．

こう置き換えると，考えやすくなります．

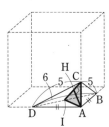

立体図形

DBの中点をIとすると，この立体は△CIAについて対称です．つまり求める高さをAHとすれば，HはCI上にあります．

面DAB⊥CAだから，∠CAI＝90°
すると，△CHA∽△CAI

△CABにおいて，
AB＝$3\sqrt{2}$，CB＝5より，
CA＝$\sqrt{7}$

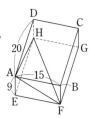

また直角二等辺三角形
DABでAI＝3だから，△CIAで，CI＝4
AH：AC＝IA：IC
AH：$\sqrt{7}$＝3：4　∴　AH＝$\dfrac{3\sqrt{7}}{4}$

問題 3. すべての辺が4の正四角すいO-ABCDがある．

いま，辺AB，BCのそれぞれの中点をM，Nとするとき，頂点Bから面OMNへ引いた垂線の長さを求めよ．

この立体は面ODBについて対称です．したがって頂点Bから下ろした垂線の足Jも，この面ODBに含まれます．

そこでBDとMNの交点をIとすると，頂点Bから面OMNへ引いた垂線は直線OI上にありますが，注意しなければいけないのは，Jは線分OI上ではなく，OIからはみ出たところにあります．

解法 OからDBへ下ろした垂線をOHとすると，右図より，
△BJI∽△OHIです．

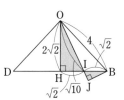

そこで，OH＝$2\sqrt{2}$，
HI＝$\sqrt{2}$から，△OHIで，
OI＝$\sqrt{10}$
また，BI＝$\sqrt{2}$
BJ：BI＝OH：OI
BJ：$\sqrt{2}$＝$2\sqrt{2}$：$\sqrt{10}$

∴　BJ＝$\dfrac{2\sqrt{10}}{5}$

最後は2015年の大教大池田(一部略)です．

問題 4. 右図は，
AB＝15cm，AD＝20cm，
AE＝9cmの直方体である．3点A，F，Hを通る平面で切断したときにできる三角錐AEFH
について，次の各問に答えなさい．

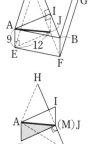

（1）点AからFHに垂線をひいたときの交点をMとする．このときAMの長さを求めなさい．

（2）点Eから平面AFHに垂線をひいたときの交点をNとする．このときENの長さを求めなさい．

解法 （1）辺AEを含み，面DHFBと垂直に交わる面AEJIを考えます．

こうするとここで，
面AEJI⊥HF ……☆

これより，AJ⊥HFだから，MとJは一致します．

ここで，
△DIA∽△DABだから，
IA：DA＝AB：DB，DB＝25から，
IA：20＝15：25　∴　IA＝12（＝ME）
AE＝9から，△AEMにて三平方の定理より，
AM＝**15（cm）**

（2）☆より，面AEJI⊥平面AFHがいえるので，NはAM上の点です．よって，
△ANE∽△AEM
を利用します．
EN：AE＝ME：AM

より，EN：9＝12：15　∴　EN＝$\dfrac{36}{5}$**（cm）**

101

対称面を見つけ面積を介す，面への距離

ここでは頂点と面までの距離を求めるのに，**面積を介す**（☆）ことにこだわります.

三平方の定理から求めることもできますが，面積を介するとスッキリと片づきます.

問題 1. 図の正四角すい O-ABCD は，底面が1辺4の正方形. 稜線 OA＝OB＝OC＝OD＝3 である.
いま，辺 DA，DC の中点をそれぞれ M，N とするとき，頂点 B と △OMN の距離を求めよ.

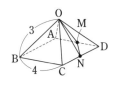

△OBD について対称ですから，この面を抜き出し考えます.

BD と MN の交点を I とすれば，求める距離は右図の対称面における BH です.

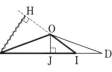

そこで，**△OBI の面積を介す**ことにします.

解法 O から BD へ下ろした垂線を OJ とします.
OB＝3，
$BJ=\frac{1}{2}BD=2\sqrt{2}$

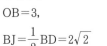

だから，OJ＝1

$$\triangle OBI=\frac{1}{2}\times BI\times OJ \quad \cdots\cdots\cdots\cdots ①$$

➡注 点 I は JD の中点です.

次に $JI=\sqrt{2}$ から，△OJI において $OI=\sqrt{3}$

$$\triangle OBI=\frac{1}{2}\times OI\times BH \quad \cdots\cdots\cdots\cdots ②$$

ここで☆より①＝②として，
BI×OJ＝OI×BH
$3\sqrt{2}\times 1=\sqrt{3}\times BH$ ∴ $BH=\sqrt{6}$

これが題意の距離です.

次も面積が有効です.

問題 2. 右は1辺4の正八面体である.
面 ABE と面 FDC は平行であるが，この2つの面の距離を求めよ.

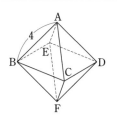

辺 EB，DC の中点をそれぞれ M，N とすると，この立体は面 AMFN について対称.
よって題意は，辺 AM と NF の距離です.
N から辺 AM へ下ろした垂線を NH とし，NH を求めればいいのです.

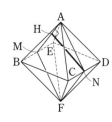

ここでは，**△AMN の面積を介し**ます.
解法 △ABE で考えれば，
$AM=2\sqrt{3}$
MN＝4 から，三平方の定理より，右図で $AI=2\sqrt{2}$
△AMN の面積について，

$$\frac{1}{2}\times MN\times AI \quad \cdots\cdots ③$$

$$\frac{1}{2}\times AM\times NH \quad \cdots\cdots ④$$

☆より ③＝④ を利用して，
MN×AI＝AM×NH
$4\times 2\sqrt{2}=2\sqrt{3}\times NH$ ∴ $NH=\frac{4\sqrt{6}}{3}$

これが求める距離です.

次は特異な四面体です．対称面はどこでしょうか．

問題 3. 右の立体において，
BC＝AD＝2，
AB＝AC＝DB＝DC
＝$\sqrt{10}$ です．
　この立体の体積
を求めよ．

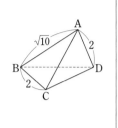

△BCD を底面とし，頂点 A からこの面へ下ろした垂線 AH を高さとします．

解法　BC の中点を M とすれば，頂点 A から
△BCD へ下ろした垂線
の足 H は，対称性より
MD 上にあります．

そこで対称面 AMD を抜き出します．

AH の長さを求めるには，**△AMD の面積を介す**ことにします．

△ABM にて三平方
の定理より，AM＝3
　同様に，DM＝3
　一方，△AMD は
AM＝DM の二等辺
三角形で．AD の中点を N として，△AMN に
て三平方の定理より，MN＝$2\sqrt{2}$

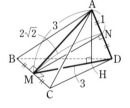

ここで☆から，△AMD の面積について，
AD×MN＝MD×AH

$2 \times 2\sqrt{2} = 3 \times AH$　∴　$AH = \dfrac{4\sqrt{2}}{3}$

よって求める体積は，

$\dfrac{1}{3} \times \dfrac{1}{2} \times 2 \times 3 \times \dfrac{4\sqrt{2}}{3} = \dfrac{4\sqrt{2}}{3}$

➡**注・1**　この立体は，すべての面が合同で“等面四面体”と呼ばれます．

➡**注・2**　$\triangle AMD \times BC \times \dfrac{1}{3}$ としてもよい．

最後の問題は斜角柱という立体です．入試で登場することはあまりありませんが，対称な平面を抜き出せば，さほど難しくはないはずです．

問題 4. 右図の △ABC
は AB＝AC＝$\sqrt{5}$，
BC＝2 で，△DEF は合
同かつ平行の位置にある．

　辺 BC，EF の中点
を M，N とすると，
BC⊥MN，∠AMN＝60° である．

　頂点 A から △CDB へ垂線 AH を引く
とき，AH の長さを求めよ．ただし
AD＝6 とする．

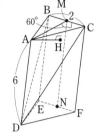

面 ADNM を抜き出せば，この立体はこの面について対称です．そして，**△MAD の面積を介し**，AH を求めます．

解法　MA を延長し，
∠AID＝90° となる点
I を取ります．この
とき，AD∥MN だか
ら，∠IAD＝60° です．
　AD＝6 から，
△AID において，

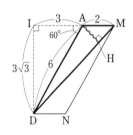

　　IA＝3，ID＝$3\sqrt{3}$
また，△CAM で三平方を用い AM＝2
　さらに △MID では，ID＝$3\sqrt{3}$，IM＝5 から，
三平方の定理より，MD＝$2\sqrt{13}$

　ここで☆より，△MAD の面積の利用です．
MA×ID＝MD×AH

$2 \times 3\sqrt{3} = 2\sqrt{13} \times AH$　∴　$AH = \dfrac{3\sqrt{39}}{13}$

いかがでしたか．△MAD のような特別角を持つ三角形も，面積を利用することで，楽に長さを求めることができます．

数学ワザ ビギナーズ 45

面への距離，困ったときは体積にすがろう

右図は立方体です．このとき，点 F から面 MEGN へ引いた垂線の長さを考えます．ビギナーズ 44 でも紹介したように対称面を使う方法もありますが，ここでは"（太線の立体 V の）体積を介して"求めることにします．

$$\frac{1}{3} \times 面\,MEGN \times FK = V$$

………（★）

この式が今回のポイントです．

➡注 太線の立体は，△NFE で分割すると求めやすい． $V = ① + ②$

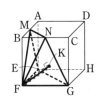

$① = \frac{1}{3} \times \triangle MFE \times NB$, $② = \frac{1}{3} \times \triangle EFG \times NI$

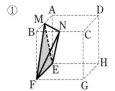

まずは 2016 年の青雲（一部略）です．

問題 1. 図のように 1 辺の長さが 5 の正方形を底面とし，高さが 10 の直方体 ABCD-EFGH がある．点 P を BP＝3 となるように辺 BF 上に，点 Q を DQ＝5 となるように辺 DH 上にそれぞれとる．3 点 A，P，Q を通る平面と辺 CG との交点を R とする．

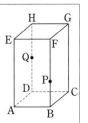

（1） 線分 CR の長さを求めよ．
（2） 四角形 APRQ の面積を求めよ．
（3） 頂点 C から面 APRQ にひいた垂線の長さを求めよ．

いわゆる面 APRQ での切断です．

解法 （1） 対面の切り口は平行です．このことから，右図の網目のついた三角形の合同を利用して，CR＝3＋5＝8

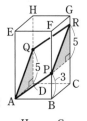

（2） 四角形 APRQ は平行四辺形です．そこで，△APR×2 と計算します．

△PAB で三平方の定理より，AP＝$\sqrt{34}$

また，RP＝QA だから，△QAD で三平方の定理より，QA＝$5\sqrt{2}$＝RP

さらに，△RAC で三平方の定理より，RA＝$\sqrt{5^2＋5^2＋8^2}$＝$\sqrt{114}$

ここで図のように，AP の延長へ R から垂線 RI を下ろします．△RPI と △RAI にて三平方の定理より，

$$(5\sqrt{2})^2 - PI^2 = (\sqrt{114})^2 - (PI + \sqrt{34})^2$$

この式から，PI＝$\dfrac{15}{\sqrt{34}}$

再び △RPI にて三平方の定理より，

$$RI = \frac{5\sqrt{59}}{\sqrt{34}}$$

よって求める面積は，

$$2\triangle APR = 2 \times \frac{1}{2} \times \sqrt{34} \times \frac{5\sqrt{59}}{\sqrt{34}} = 5\sqrt{59}$$

（3） 頂点 C から面 APRQ にひいた垂線の足を J とします．立体 C-APRQ の体積を V とすれば，

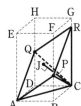

$$\frac{1}{3} \times 面\,APRQ \times CJ = V$$

（…※1）となるので，★より立体 C-APRQ の体積を介して，CJ の長さを求めます．

立体図形

V を計算するには下図のように，面 ACR により③と④へ分割します．

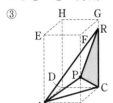
③

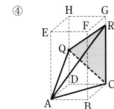
④

③の体積…$\dfrac{1}{3} \times \triangle RPC \times AB$

$= \dfrac{1}{3} \times \dfrac{1}{2} \times 8 \times 5 \times 5 = \dfrac{100}{3}$

④の体積…$\dfrac{1}{3} \times \triangle RQC \times AD$

$= \dfrac{1}{3} \times \dfrac{1}{2} \times 8 \times 5 \times 5 = \dfrac{100}{3}$

よって，$V = ③ + ④ = \dfrac{200}{3}$

ということはつまり，※1 から，

$\dfrac{1}{3} \times 5\sqrt{59} \times CJ = \dfrac{200}{3}$ $\therefore$ $CJ = \dfrac{40\sqrt{59}}{59}$

続いては 2011 年の大教大池田です．

問題 **2.** 右図のような直方体を，2 点 A，G と辺 BF 上の点 P を通る平面で切ったところ，切り口 APGQ はひし形になった．このとき，次の各問に答えなさい．

（1） PB の長さを求めなさい．

（2） ひし形 APGQ の面積を求めなさい．

（3） 点 E からひし形 APGQ へひいた垂線 ER の長さを求めなさい．

解法 （1） $\triangle PAB$ においての辺 AP と，$\triangle GFP$ においての辺 GP が等しいわけです．

よって，$PB = x$ として，$x + 8^2 = (8-x)^2 + 4^2$

$\therefore$ $PB = x = 1$

→注 $\triangle PAB \equiv \triangle QGH$，$\triangle PGF \equiv \triangle QAD$ です．

（2） ひし形 APGQ

$= \dfrac{1}{2} \times AG \times QP \cdots (*)$

$AG = \sqrt{8^2 + 4^2 + 8^2} = 12$

QP は右下図を使い，

$QP = \sqrt{8^2 + 4^2 + 6^2}$

$= 2\sqrt{29}$

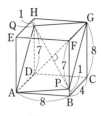

$* = \dfrac{1}{2} \times 12 \times 2\sqrt{29}$

$= \mathbf{12\sqrt{29}}$

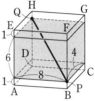

（3） 立体 E-APGQ の体積を V とすれば，

$\dfrac{1}{3} \times$ 面 APGQ $\times$ ER

$= V$（※2）なので，★より立体 E-APGQ の体積を介して，ER の長さを求めます．

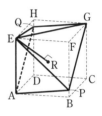

V を面 EAG によって⑤と⑥へ分割します．

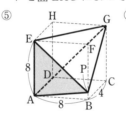
⑤

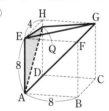
⑥

⑤の体積…$\dfrac{1}{3} \times \triangle EAP \times GF$

$= \dfrac{1}{3} \times \dfrac{1}{2} \times 8 \times 8 \times 4 = \dfrac{128}{3}$

⑥の体積…$\dfrac{1}{3} \times \triangle EAQ \times GH$

$= \dfrac{1}{3} \times \dfrac{1}{2} \times 8 \times 4 \times 8 = \dfrac{128}{3}$

よって，$V = ⑤ + ⑥ = \dfrac{256}{3}$

つまり，※2 より，

$\dfrac{1}{3} \times 12\sqrt{29} \times ER = \dfrac{256}{3}$

$\therefore$ $ER = \dfrac{\mathbf{64\sqrt{29}}}{\mathbf{87}}$

体積は'面と辺の垂直'を活かしきろう

2016年の開成高校で，次の平面と直線の関係が出題されました．それは次のようなものです(問題文略)．

平面 α 上で，
$\angle EAB = \angle EAC = 90°$
ならば，
　　$\angle EAD = 90°$
(点 D は BC 上にある)

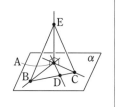

まず EA を点 A の側に延長し，
$EA = AF (\cdots①)$ となるよう，点 F をとり準備とします．
　最終的に，
　　$\angle EAD = \angle FAD$
　　$= 90°$
を示すことをここでの目標とします．

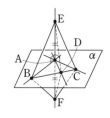

　$\triangle EBA \equiv \triangle FBA$（二辺夾角相等）より，
　　$EB = FB$ ……………………②
$\triangle ECA \equiv \triangle FCA$（二辺夾角相等）より，
　　$EC = FC$ ……………………③
　②，③より，$\triangle EBC \equiv \triangle FBC$（三辺相等）
　これより，$\angle EBC = \angle FBC$ …………④
　すると②，④より，
　　$\triangle EBD \equiv \triangle FBD$（二辺夾角相等）
だから，$ED = FD$ …………………⑤
　そこで①，⑤を利用することで，
　　$\triangle EDA \equiv \triangle FDA$（三辺相等）
だから，$\angle EAD = \angle FAD = 90°$ ∎

点 B，C，D は何も問題の図の位置に限ったことではありません．どこでも成り立ちます．

点 D を平面 α 上のどこへ取ろうとも，常に $\angle EAD = 90°$ ならば，"$EA \perp$ 平面 α"という．

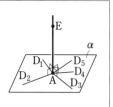

すると次の定理が成り立ちます．

定理　＜平面と直線の垂直＞
　　$\angle POQ = \angle POR$
　　$= 90°$ ならば，
　　　直線 $l \perp$ 平面 ρ

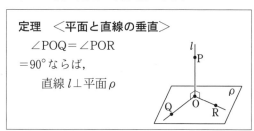

この定理を中学生は，**当たり前に成り立つこととして，**使ってかまいません．
　また，いつも私は紹介するのですが，開いたノートを机へ立て，「ノートの背と机」の関係をイメージできれば，より分かりやすいと思います．

では問題です．初めは 2016 年の埼玉県立の正四面体です．

問題 1. 図のように，1 辺の長さが 6 の正四面体 ABCD があり，辺 AD の中点を E とする．この正四面体を 3 点 B，C，E を通る平面で切ったとき，三角錐 ABCE の体積を求めなさい．

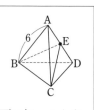

＜**方針**＞
　$\triangle EBC$ を底面，AE を高さとして体積を求めます．

解法　$\triangle ACD$ において，

点 E は辺 AD の中点だから，∠AEC＝90°(…⑥)

同様に∠AEB＝90°(…⑦)

⑥，⑦より定理から，△EBC⊥AE

底面とする△EBC は，EB＝EC の二等辺三角形だから，辺 BC の中点を M とすると，BC⊥EM.

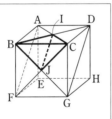

MC＝3，EC＝$3\sqrt{3}$ だから，EM＝$3\sqrt{2}$

よって，$\triangle EBC = 6 \times 3\sqrt{2} \times \dfrac{1}{2} = 9\sqrt{2}$

高さは AE＝3 だから，求める体積は，

$9\sqrt{2} \times 3 \times \dfrac{1}{3} = \mathbf{9\sqrt{2}}$

➡注 問題1 は正四面体の体積を求める方法の1つです．

続いては立方体の切断です．

問題2．1辺の長さが4の立方体を，図のように平面 AFC と平面 BGD で切断する．四面体 IBJC の体積を求めよ．

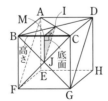

＜方針＞
△IMJ を底面，高さを BC とし体積を求めます．

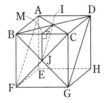

解法 辺 BC の中点を M とすると，△IBC は二等辺三角形だから，∠BMI＝90°(…⑧)

同様にして，∠BMJ＝90°(…⑨)

⑧，⑨より定理から，△IMJ⊥BC

$\triangle IMJ = 2 \times 2 \times \dfrac{1}{2} = 2$，高さ BC＝4 から，求

める体積は，$2 \times 4 \times \dfrac{1}{3} = \dfrac{\mathbf{8}}{\mathbf{3}}$

最後も四面体です．元が正四面体ではないので注意してください．

問題3．CD＝18，それ以外の辺が $12\sqrt{3}$ の四面体がある．

BE：EC＝BF：FD＝1：2のとき，三角錐 A-BEF の体積を求めよ．

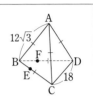

＜方針＞
△GEF を底面，高さを AB とし体積を求めます．

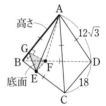

解法 ∠EGB＝90°(…⑩)となるように，辺 AB 上に点 G を取ります．すると，BE＝BF，∠GBE＝∠GBF（△ABC，△ABD は正三角形だから）

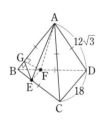

より，△GBE≡△GBF（二辺夾角相等）

よって，∠FGB＝∠EGB＝90°(…⑪)

⑩，⑪より定理から，△FGE⊥AB

そこで△FGE は，

$GE = GF = BE \times \dfrac{\sqrt{3}}{2} = \dfrac{1}{3}BC \times \dfrac{\sqrt{3}}{2}$

$= \dfrac{1}{3} \times 12\sqrt{3} \times \dfrac{\sqrt{3}}{2} = 6$

$EF = \dfrac{1}{3} \times CD = \dfrac{1}{3} \times 18 = 6$

より，正三角形(ここがポイント)．

よって求める体積は，

$\triangle FGE \times AB \times \dfrac{1}{3}$

$= \dfrac{9\sqrt{3} \times 12\sqrt{3}}{3} = \mathbf{108}$

$$=\frac{1}{3}\times\frac{1}{2}\times6\times6\times6=36$$

立体Ⓑ…△CGN を底面とし頂点を M とする三角すい M-CGN

$$\frac{1}{3}\times\triangle CGN\times MD$$

$$=\frac{1}{3}\times\frac{1}{2}\times6\times6\times3=18$$

求める立体の体積は，Ⓐ＋Ⓑ＝36＋18＝**54**

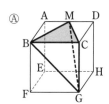

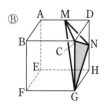

数学ワザ　ビギナーズ　47
立方体内にある立体の体積を，よりよく刻もう

立方体の頂点もしくは辺上に点をとって，これらを結んだ立体を作ります．

その体積を求めるには様々な方法がありますが，ここでは'求めやすい三角すい'へと刻み（分割して），バラバラに計算することにします．

立方体を切断したときに，その切り口が等脚台形（Ⅰ）や正六角形（Ⅱ）になる場合があります．今回はその切断面にヒントを得ながら，話を進めていきます．

Ⅰ.　　　　　　Ⅱ.

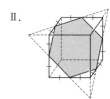

さあ，1辺の長さが6の立方体を準備し，さっそく問題に入ります．

問題 1. 右図で点 M や N が辺の中点であるとき，太線で囲まれた立体の体積を求めよ．

Ⅰ からもわかる通り，4点 M，B，G，N は同一平面上にあります．したがって求める立体は，頂点を C とした四角すい C-MBGN です．

そこで面 MGC で，2つの三角すいⒶとⒷに分けて計算します．

解法　立体Ⓐ…△MBC を底面とし頂点を G とする三角すい G-MBC

$$\frac{1}{3}\times\triangle MBC\times CG$$

問題 2. 右図で点 M や N が辺の中点であるとき，太線で囲まれた立体の体積を求めよ．

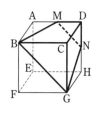

求める立体は，三角すい台 MDN-BCG です．

こちらも 4点 M，B，G，N は同一平面上にあります．そこで面 MGC と面 MGD で，3つの三角すいⒸ，Ⓓ，Ⓔに分けて計算します．

解法　立体Ⓒ…△MBC を底面とし頂点を G とする三角すい G-MBC

$$\frac{1}{3}\times\frac{1}{2}\times6\times6\times6=36$$

立体Ⓓ…△MCD を底面とし頂点を G とする三角すい G-MCD

$$\frac{1}{3}\times\frac{1}{2}\times6\times3\times6=18$$

立体Ⓔ…△MND を底面とし頂点を G とする三角すい G-MND

$$\frac{1}{3}\times\frac{1}{2}\times3\times3\times6=9$$

求める立体の体積は，

Ⓒ＋Ⓓ＋Ⓔ＝36＋18＋9＝**63**

立体図形

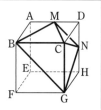

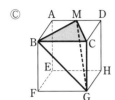
ⓒ

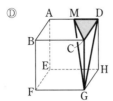
ⓓ

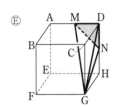
ⓔ

➡注 問題2 は，問題1 を参考にして，
ⓐ+ⓑ
+「三角すい C-MDN」
とすることもできます．

ここからは Ⅱ の話題です．

問題 3. 右図で点 M，L，K，N が辺の中点であるとき，太線で囲まれた立体の体積を求めよ．

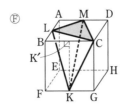
ⓕ

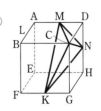
ⓖ

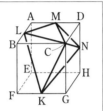

4点 M，L，K，N は，Ⅱ の正六角形の面上にあります．すると図のように，四角形 MLKN は MK について対称であること(…①)がわかります．

求める立体を，頂点を C とした四角すい C-MLKN とみて，面 CMK で2つの三角すいⓕとⓖに分けて計算します．すると①から体積はⓕ=ⓖなので，ⓕ×2 とします．

解法 立体ⓕ…△LCM を底面とし頂点を K とする三角すい K-LCM

ここで点 K から辺 BC へ下ろした垂線の足を K′ とすると，立体ⓕ=$\frac{1}{3}$×△LCM×KK′
　　　　　　　　　　　　……※

さて △LCM は，正方形 ABCD から周りの三角形を除いて $\frac{27}{2}$ だから，

※=$\frac{1}{3}$×$\frac{27}{2}$×6=27

求める立体の体積は，ⓕ×2=27×2=**54**

問題 4. 右図で点 M，L，K，I が辺の中点であるとき，太線で囲まれた立体の体積を求めよ．

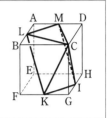

4点 L，K，I，M は，Ⅱ の正六角形の面上にあります．また図のように，四角形 LKIM は MK について点対称(…②)です．

求める立体を，頂点を C とした四角すい C-LKIM とみて，面 CMK で2つの三角すいⒽとⒾに分けて計算します．すると②から体積はⒽ=Ⓘなので，Ⓗ×2 とします．

解法 立体Ⓗ…△LCM を底面とし頂点を K とする三角すい K-LCM

ここで点 K から辺 BC へ下ろした垂線の足を K′ とすると，立体Ⓗ=$\frac{1}{3}$×△LCM×KK′

=$\frac{1}{3}$×$\frac{27}{2}$×6=27

求める立体の体積は，Ⓗ×2=27×2=**54**

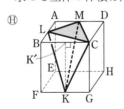
Ⓗ

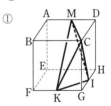
Ⓘ

最後に右図の立体の体積を考えてみてください．

答 $\frac{81}{2}$

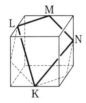

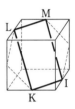

109

立方体内にある四面体を等積変形から考える

立体図形

△ABC が平面 α 上にあります. 辺 AC と平行で α から浮いた直線 l 上に点 P_1, P_2 をとると, 2 つの三角すい 'P$_1$-ABC' と 'P$_2$-ABC' の体積は等しくなります.

これは立体の**等積変形**です.

➡**注** 辺 AC と平行でなくとも, 直線 l ∥ 平面 α ならば上記が成り立ちます.

今回は次の問題からです.

問題 1. 右図は 1 辺が 4 の立方体である. 点 M が辺 BF の中点であるとき, 四面体 AMGD の体積を求めよ.

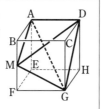

立方体の等積変形のコツは, **1 つの面に 3 つの頂点を集める**ことです. 最初は 2 つの例を紹介します.

解法・1 ＜面 CGHD に集める＞

頂点 D, G の 2 つはすでにこの面にあります. そこで【図 1】のように, 頂点 M を移します.

面 AGD の辺 AD に着目して, AD ∥ MM' となるように M' を辺 CG 上にとります.

このことにより【図 2】のように 3 頂点 M', G, D が集まりました.

ここで M'G＝MF＝2 だから, 求める立体の体積は, $\frac{1}{3} \times \triangle$M'GD$\times$AD

$$= \frac{1}{3} \times \frac{1}{2} \times 2 \times 4 \times 4 = \frac{16}{3}$$

【図1】 【図2】

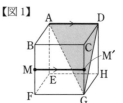
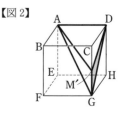

解法・2 ＜面 ABCD に集める＞

頂点 A, D はこの面にあります. そこで【図 3】のように頂点 M を移します.

今度は面 AGD の辺 DG に着目して, DG ∥ MM″ となるように M″ を辺 AB 上にとります. これにより【図 4】のように 3 頂点 A, M″, D が集まります. ここで △CGD∽△BMM″ だから, CG＝CD より, BM＝BM″＝2

$$\frac{1}{3} \times \triangle\text{AM}''\text{D} \times \text{CG} = \frac{16}{3}$$

【図3】 【図4】

続いては 2011 年の西大和学園です.

問題 2. 右図のような, 1 辺が a の立方体 ABCD-EFGH があり, 点 S, T, U は, それぞれの辺の中点である. 四面体 ASTU の体積を求めなさい.

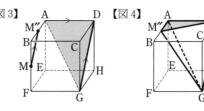

解法 ＜面 ABCD に集める＞

頂点 A, S はこの面にあり, そこで【図 5】のように頂点 T を移します.

面 ASU の辺 SU と, BT は平行だから, T を B へ移します.

このことにより【図 6】のように 3 頂点 A, B, S を使い, $\frac{1}{3} \times \triangle$ABS$\times$CG

$$= \frac{1}{3} \times \frac{1}{2} \times a \times a \times a = \frac{1}{6}a^3$$

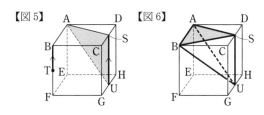

【図5】 【図6】

次は2016年の灘（一部略）です．

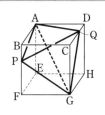

問題 3. 図のように，1辺の長さが3の立方体 ABCD-EFGH があり，点 P, Q はそれぞれ辺 BF, DC 上にあって，BP＝DQ＝1 である．このとき，四面体 APQG の体積を求めよ．

解法 ＜面 ABCD に集める＞

頂点 A, Q はこの面にあり，【図7】のように頂点 P を移します．

面 AQG の辺 QG に着目して，QG∥PP′ となるように P′ を辺 AB 上にとります．

このことにより【図8】のように3頂点 A, P′, Q を1つの面に集めます．

△CGQ∽△BPP′ で，CG：CQ＝3：2

すると BP：BP′＝3：2 で，BP＝1 から

$$BP'=\frac{2}{3}$$

$$\therefore \quad AP'=3-BP'=3-\frac{2}{3}=\frac{7}{3}$$

よって求める体積は，

$$\frac{1}{3}\times\triangle AP'Q\times CG$$

$$=\frac{1}{3}\times\frac{1}{2}\times\frac{7}{3}\times3\times3=\frac{7}{2}$$

【図7】 【図8】

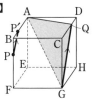 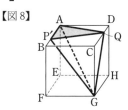

最後の問題です．

問題 4. 右図は1辺が6の立方体である．点 L, M, N はそれぞれの辺の中点で，AK＝4のとき，四面体 KLMN の体積を求めよ．

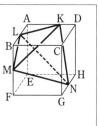

解法 ＜平面 ABCD に集める＞

頂点 L, K はこの面にあり，【図9】のように頂点 N を移します．

面 LMK の辺 LM に着目して，LM∥NN′ となるように N′ を辺 CD の延長上にとります．（点 N′ は面 ABCD からはみ出ますが，それでも構いません．）

これにより【図10】のように3頂点 L, K, N′ を1つの面に集めます．

【図9】のように，N から CD へ垂線 NJ をひけば，△BML∽△JNN′ だから，BM＝BL より，JN＝JN′＝6

ところでこの立方体を，【図11】のように真上から眺めれば，

△LAI≡△N′DI

よって，AI＝3

また題意より AK＝4

だから，

IK＝AK－AI＝4－3＝1

こうして求める体積は，

$$\frac{1}{3}\times\triangle LKN'\times BM$$

$$=\frac{1}{3}\times\frac{1}{2}\times IK\times N'J\times BM$$

$$=\frac{1}{3}\times\frac{1}{2}\times1\times6\times3=3$$

【図9】

【図10】 【図11】

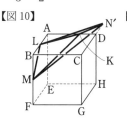 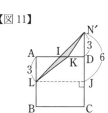

正八面体から削る，四面体の体積

1辺4の正八面体では，右図の△AGB は直角二等辺三角形で，このとき $h=2\sqrt{2}$ です．

➡注　面 BCDE⊥AG（FG）

そこで例えば，右の太線で描かれた四面体 ACDF の体積 V は，次のように計算できます．

色の付いた三角形の面積を S とすれば，

$$V=\frac{1}{3}\times S\times AG+\frac{1}{3}\times S\times FG$$

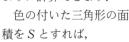

＜考え方＞

四面体を面 BCDE で分け，2つの三角錐を合せたものとみる．

またそれぞれの三角錐は，次のような見方をする．

・底面積 S …面 BCDE 上にとった，色の付いた図形の底面積．

・高さ h …面 BCDE からの距離．

問題 1. 下図は1辺4の正八面体である．次の各問において，太線で囲まれた四面体の体積を求めよ．ただし点 L，M，N，O はそれぞれの辺の中点である．

（1）　　　　　（2）

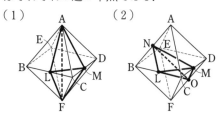

解法 （1）　$S=4\times4\times\dfrac{1}{8}=2$

$$V=\frac{1}{3}\times S\times AG+\frac{1}{3}\times S\times FG$$

$$=\frac{1}{3}\times2\times2\sqrt{2}+\frac{1}{3}\times2\times2\sqrt{2}$$

$$=\frac{8\sqrt{2}}{3}$$

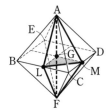

（2）　NO と面 BCDE との交点を確認します．

線分 NO は正方形 ABFD に含まれるから，これに注目すれば，線分 NO は対角線 BD の中点 G を通るといえます．その結果できる S は（1）と同じです．

次に点 N と底面 BCDE の距離 h_N です．これは AG の長さの半分です．もちろん点 O からの距離も同様です．$h_N=h_O=\sqrt{2}$

$$V=\frac{1}{3}\times S\times h_N+\frac{1}{3}\times S\times h_O$$

$$=\frac{1}{3}\times2\times\sqrt{2}+\frac{1}{3}\times2\times\sqrt{2}$$

$$=\frac{4\sqrt{2}}{3}$$

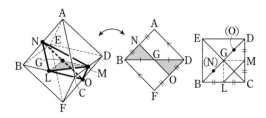

ここからは実際の入試問題にチャレンジします．初めが1999年明大明治(一部略)，次が2016年筑駒(一部略)です．

問題 2. 右の立体は1辺が3cmの正八面体である.

3つの辺 AC, EF, CD 上にそれぞれ点 G, H, I を,

AG : GC＝FH : HE＝CI : ID＝1 : 2

となるようにとる. このとき, 三角錐 I-DGH の体積を求めよ.

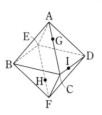

解法 面 BCDE を突き抜ける GH との交点を調べます.

正方形 AEFC を抜き出せば, GH は正方形の対角線 EC の中点 O を通ります.

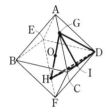 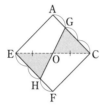

このことから, $S＝\dfrac{1}{2}×2×\dfrac{3}{2}＝\dfrac{3}{2}$ (cm²)

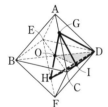 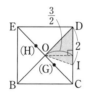

続いて点 G と面 BCDE との距離 h_G です.

CG : CA＝2 : 3 から, $CG＝\dfrac{2}{3}CA$ であることを頭の中に入れましょう.

$AO＝\dfrac{3\sqrt{2}}{2}$ だから, $h_\mathrm{G}＝AO×\dfrac{2}{3}＝\sqrt{2}$

これは h_H も同様です.

$$V＝\dfrac{1}{3}×S×h_\mathrm{G}+\dfrac{1}{3}×S×h_\mathrm{H}$$

$$＝\dfrac{1}{3}×\dfrac{3}{2}×\sqrt{2}+\dfrac{1}{3}×\dfrac{3}{2}×\sqrt{2}$$

$$＝\boldsymbol{\sqrt{2}}\ \textbf{(cm}^3\textbf{)}$$

問題 3. 右の図のような1辺が6cmの正八面体 ABCDEF があります.

点 P は点 A を出発し, △ABC の辺上を A → B → C → A → … の順に毎秒2cmの速さで動き, 点 Q は点 D を出発し, △DEF の辺上を D → E → F → D → … の順に毎秒3cmの速さで動きます.

P が A を, Q が D を同時に出発するとき, 出発してから5秒後の, 四面体 AEPQ の体積を求めなさい.

解法 2点 P, Q の位置は下図のようになります. このとき面 BCDE を突き抜ける AQ と, この面との交点を R とします. 正方形 ABFD を抜き出せば, BR : RD＝2 : 1 です.

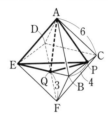 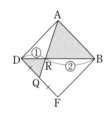

このことから S は, 正方形 BCDE において, BP : PC＝BR : RD＝2 : 1 から, RP∥DC より,

$$RP＝4 \quad ∴ \quad S＝\dfrac{1}{2}×4×4＝8$$

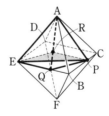

続いて h_Q は, $h_\mathrm{Q}＝\dfrac{1}{2}h_\mathrm{A}＝\dfrac{3\sqrt{2}}{2}$

$$V＝\dfrac{1}{3}×S×h_\mathrm{A}+\dfrac{1}{3}×S×h_\mathrm{Q}$$

$$＝\dfrac{1}{3}×8×3\sqrt{2}+\dfrac{1}{3}×8×\dfrac{3\sqrt{2}}{2}$$

$$＝\boldsymbol{12\sqrt{2}}\ \textbf{(cm}^3\textbf{)}$$

面を貫く線分と その交点の位置

ここでは次の問題をやってみましょう.

問題 1. 図の立方体において, 辺 HE の中点を M とする.

線分 BM と △AFC の交点を I とするとき, 立体Ⓐ…I-EFGH と立体Ⓑ…I-AEFB の体積の比を求めよ.

この問題で考えるのは, 点 I がどこにくるかです.

線分 BM 上にあるから, 長方形 NMFB に含まれる. また点 I を △AFC も含むので, これらの交わる部分である, 上図の**交線 PF 上**にあります. よって, 線分 PF と BM の交点が I です.

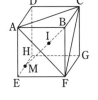

解法 点 I から, EFGH へ下ろした垂線を IJ, AEFB への垂線を IK として, 立体Ⓐと立体Ⓑの底面をそれぞれ EFGH と AEFB とみなせば底面積

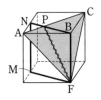

は等しく, IJ と IK の長さの比が体積の比にあたります.

<IJ の長さ>

面 EFGH⊥面 NMFB から, J は MF 上にあります.

NMFB は長方形だから, 点 N も辺 DA の中点です. そこで △PBC∽△PNA でみれば, BP:NP=2:1

△BPI∽△FMI から,

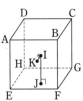

BI:MI=BP:MF=BP:NB=2:3

つまり IJ の長さは, 立方体の 1 辺の $\frac{3}{5}$.

<IK の長さ>

面 AEFB⊥△MEB から, K は BE 上です.

△MEB に注目して, IK∥ME だから,

IK:ME=BI:BM =2:5

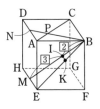

IK:HE=IK:2ME=2:10=1:5 より,

IK の長さは, 立方体の 1 辺の $\frac{1}{5}$.

以上より, 立体Ⓐ:立体Ⓑ=$\frac{3}{5}$:$\frac{1}{5}$=**3:1**

いかがでしょうか. 直線 α と面 β との交点は,

Ⅰ. 直線 α が載る適切な面 γ を抜き出す

Ⅱ. 面 γ と面 β の交線 δ を得る

Ⅲ. 交線 δ と直線 α の交点が求める点

このように考えます.

続いての問題です.

問題 2. 1 辺 3 の立方体を, M を辺 DH の中点とした 3 点 A, F, M で切断します.

立方体の対角線 BH と先ほどの切断面との交点を I としたとき,

（1） BI:IH を求めよ.

（2） 立体 I-EFGH の体積を求めよ.

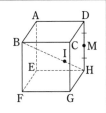

解法 上記 Ⅰ. として, 面 BFHD を抜き出します. これと △AFM との交線 Ⅱ. は, Ⅲ. より MF です. MF と BH の交点が点 I です.

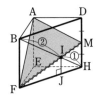

（1） 図より, BI:IH=BF:HM=**2:1**

立体図形

（2）I から面 EFGH へ下ろした垂線の足を J とすると，J は辺 FH 上にあります．

$$IJ = \frac{1}{3}BF = \frac{1}{3} \times 3 = 1$$

求める体積は，$\frac{1}{3} \times 3 \times 3 \times 1 = \mathbf{3}$

続いては 2017 年の日比谷(一部略)です．

問題 3. 右の図に示した立体 ABC−DEF は，AB＝BC＝5cm，CA＝4cm，AD＝6cm の三角柱である．

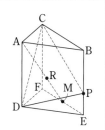

点 P は辺 BE 上にある点で，EP＝2cm である．頂点 C と頂点 D，頂点 C と点 P，頂点 D と点 P をそれぞれ結ぶ．

辺 EF の中点を M とし，頂点 A と点 M を結び，線分 AM と平面 CDP の交点を R としたとき，点 R と頂点 D，点 R と頂点 E，点 R と頂点 F をそれぞれ結んでできる立体 R-DEF の体積を求めよ．

解法 長方形 ADMN を抜き出します．NM と CP の交点を L とすれば，△CDP と交線は図の LD です．求める点 R は，AM と LD の交点です．

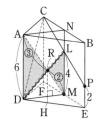

ここで点 R から面 DEF へ下ろした垂線の足 H は，DM 上にあります．

$$LM = \frac{1}{2}(CF + PE) = \frac{1}{2} \times (6 + 2) = 4$$

△ARD∽△MRL から，

AR：MR＝AD：ML＝6：4＝3：2

このことにより，

RH：AD＝MR：MA＝2：5

よって，$RH = 6 \times \frac{2}{5} = \frac{12}{5}$

さて △DEF の面積は，次図から，

$$4 \times \sqrt{21} \times \frac{1}{2} = 2\sqrt{21}$$

よって求める体積は，

$$2\sqrt{21} \times \frac{12}{5} \times \frac{1}{3}$$

$$= \frac{8\sqrt{21}}{5} (\mathbf{cm^3})$$

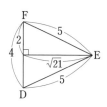

最後の問題です．

問題 4. 図はすべての辺が 6 の正四角すいである．L，M，N をそれぞれの辺の中点とし，線分 LC と面 ABNM の交点を I とする．

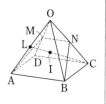

このとき，立体 I-OAB の体積を求めよ．

解法 △OAC を抜き出し，これと四角形 ABNM の交線は NA です．

よって求める点 I は，NA と LC の交点です．

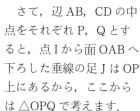

さて，辺 AB，CD の中点をそれぞれ P，Q とすると，点 I から面 OAB へ下ろした垂線の足 J は OP 上にあるから，ここからは △OPQ で考えます．

I は △OAC の重心で，頂点 O から底面へ垂線 OH を下ろせば，I は OH 上にあり，OI：IH＝2：1

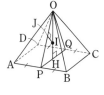

△OPH∽△OIJ で，$OI = 2\sqrt{2}$ より，

$$IJ = \frac{2\sqrt{6}}{3}$$

求める体積は，

$$\triangle OAB \times \frac{2\sqrt{6}}{3} \times \frac{1}{3}$$

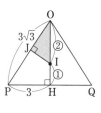

$$= 6 \times 3\sqrt{3} \times \frac{1}{2} \times \frac{2\sqrt{6}}{3} \times \frac{1}{3} = \mathbf{6\sqrt{2}}$$

数学ワザ　ビギナーズ　51

‘屋根型の体積’には便利な公式も使おう

右図は三角柱 ABC-DEF を寝せたものです．そこで太線で囲った立体の体積を求めます．

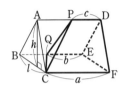

そのためには上の立体を，面 PEF により2つに分けます．

四角すい Ⓐ … $\dfrac{1}{3} \times \dfrac{1}{2}(a+b)l \times h$

三角すい Ⓑ … $\dfrac{1}{3} \times \dfrac{1}{2}lh \times c$

Ⓐ＋Ⓑ $= \dfrac{1}{2}lh \times \dfrac{a+b+c}{3}$ ……………※

このように計算されます．

【図1】Ⓐ

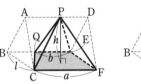

【図2】Ⓑ

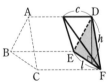

※において，三角柱の底面 ABC の面積を S とすれば，次のような公式（☆）ができます．

公式☆　＜屋根型の体積＞

$$S \times \dfrac{a+b+c}{3}$$

ただし，$a /\!/ b /\!/ c$, $S \perp (a /\!/ b /\!/ c)$ とする．

このような**3本の平行な辺**を持つ立体を，ここでは**“屋根型”**と呼びます．

まずは 2016 年の慶應義塾（一部略）です．

問題 1．$AB=AC=AD=4$, $BC=CD=DB=3$ である三角すい ABCD において，辺 AB, AC の中点をそれぞれ E, F とし，辺 CD 上の点で $CG:GD=2:1$ となる点 G，辺 BD 上の点で $BH:HD=2:1$ となる点を H とする．

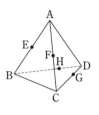

三角すい ABCD を4点 E, F, G, H を通る平面で切断したとき，頂点 B を含む立体の体積を求めよ．

求めるのは図の太線で囲まれた立体です．

$AE:EB=AF:FC=1:1$ より，$EF /\!/ BC$

$DG:GC=DH:HB=1:2$ より，$HG /\!/ BC$

以上より，

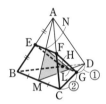

$EF /\!/ BC /\!/ HG$ …①

“屋根型”ですから，公式☆を利用します．

解法　辺 BC の中点を M とし，面 AMD（…②）を抜き出せば，対称性により辺①⊥面②です．

そこで面②と辺 EF, HG の交点をそれぞれ N, L とすると，△NML が公式☆の S の役割です．つまり求める立体の体積は，

$$\triangle NML \times \dfrac{EF+BC+HG}{3} \quad \cdots\cdots\cdots ③$$

まず，△NML の面積は，

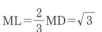

$MD = \dfrac{3\sqrt{3}}{2}$,

$ML = \dfrac{2}{3}MD = \sqrt{3}$

点 I は △BCD の重心で，

$AI = \sqrt{13}$,

$NJ = \dfrac{1}{2}AI = \dfrac{\sqrt{13}}{2}$

よって，$\triangle NML = \dfrac{1}{2} \times \sqrt{3} \times \dfrac{\sqrt{13}}{2} = \dfrac{\sqrt{39}}{4}$

$\therefore$ ③ $= \dfrac{\sqrt{39}}{4} \times \dfrac{\dfrac{3}{2}+3+1}{3} = \dfrac{11\sqrt{39}}{24}$

立体図形

続いては 2016 年の東大寺学園です.

問題 2. 1 辺の長さが 2 の立方体 ABCD-EFGH があり，線分 EG と線分 FH との交点を P とする．四角すい P-ABCD を，4 点 A，B，G，H を通る平面で切断して 2 つの立体に分けるとき，面 ABCD を含む方の立体を V とする．次の問に答えよ．

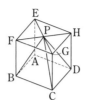

（1）線分 CD の中点を M として，線分 PM と，4 点 A，B，G，H を通る平面との交点を N とする．線分 PN の長さと線分 NM の長さの比を最も簡単な整数比で表せ．

（2）線分 PC，線分 PD と 4 点 A，B，G，H を通る平面との交点をそれぞれ I，J とする．線分 IJ の長さを求めよ．

（3）立体 V の体積を求めよ．

解法（1）Q, R, S を立方体の辺の中点をとり，面 QRSM でみれば，

$$PN : NM = PQ : MS$$
$$= 1 : 2$$

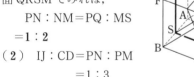

（2）IJ : CD = PN : PM
　　　　　 = 1 : 3

$$IJ = \frac{1}{3} CD = \frac{2}{3}$$

（3）求める立体は下の太線で囲まれた立体です．

JI // AB // DC…④ より "屋根型" で，公式☆を使います．

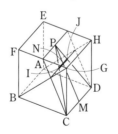

面 QRSM は太線の立体の対称面だから，△NSM⊥辺④です．

$$\triangle NSM = \frac{1}{2} \times 2 \times \frac{4}{3} = \frac{4}{3}$$

$$V = \frac{4}{3} \times \frac{\frac{2}{3} + 2 + 2}{3} = \frac{56}{27}$$

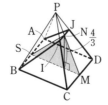

最後は 2017 年の法政二高（一部略）です.

問題 3. 図のような，1 辺が 4cm の正方形 ABCD を底面とし，OA＝OB＝OC＝OD＝$4\sqrt{2}$ cm とする正四角すい O-ABCD がある．辺 OC 上に BC＝BP となる点 P をとり，P を通り辺 CD に平行な直線を引いて，辺 OD との交点を Q とする．次の問に答えなさい．

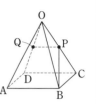

（1）CP の長さを求めなさい．

（2）立体 O-PQAB の体積は，正四角すい O-ABCD の何倍か求めなさい．

解法（1）∠OCB＝∠OBC，∠PCB＝∠CPB より，△OCB∽△BCP

$$4\sqrt{2} : 4 = 4 : x$$
$$\therefore \quad x = 2\sqrt{2} \,（\text{cm}）$$

（2）正四角すい O-ABCD と図の太線の立体の比較です．

AB // DC // QP……⑤ より "屋根型" で，公式☆の利用です．

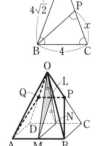

辺 AB，DC の中点をそれぞれ M，N とすれば，△OMN⊥辺⑤

● 太線の立体の体積 V_1

（1）より OP＝PC だから，上図で点 L は ON の中点．ここで底面の 1 辺を a，△OMN＝S とすれば，

$$V_1 = \triangle OML \times \frac{AB + QP + 0}{3} = \frac{1}{4} aS \,（\text{☞注}）$$

● 正四角すい O-ABCD の体積 V_2

$$V_2 = \triangle OMN \times \frac{AB + DC + 0}{3} = \frac{2}{3} aS \,（\text{☞注}）$$

以上より，$\dfrac{V_1}{V_2} = \dfrac{3}{8}$（倍）

➡注 辺 OA と OD の交点を O_1，辺 OB と OC の交点を O_2 として，頂点 O を，O_1 と O_2 が一致した点とみなせば，$O_1O_2 = 0$ です．

情報収集力がものを いう ʻ球の切断面ʼ

球をどのような平面で切断しても、**切断面は円になります**.

ここではその断面積を求めるものを紹介しますが、攻略法は**球の切断円上の点から情報を集めること**です.

それではやってみましょう.

まずは 2017 年の城北の問題です.

問題 1. 半径 10, 中心 O の球を平面 P で切断したときの切断面を S とする. ただし、平面に垂直な球の直径を AB, S の円周上の点を C とする. このとき各場合についての S の面積を求めよ.

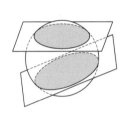

（1）　AC＝10 のとき

（2）　AC＝$4\sqrt{15}$ のとき

切断面 S の中心を S とすれば、題意より AB⊥CS です. また線分 AB は球の直径だから、∠ACB＝90°です.

解法（1）　わかっている長さを書き加えれば、右図のようになります.

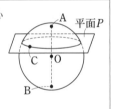

そこで △ACB を見れば、∠ACB＝90°だから、CB＝$10\sqrt{3}$ で、△ACB∽△ASC より、

CS＝$5\sqrt{3}$ で、これが半径です.

　　∴ $(5\sqrt{3})^2\pi=\mathbf{75\pi}$

（2）　△ACB により、CB＝$4\sqrt{10}$

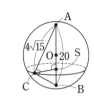

△ACB∽△CSB から、CS＝$4\sqrt{6}$ で、これが半径です.

　　∴ $(4\sqrt{6})^2\pi=\mathbf{96\pi}$

続いて 2015 年の明大中野八王子の問題です. こちらは ʻ立方体の各面と球の接点ʼ がポイントになります.

問題 2. 右の図のように、1 辺 12cm の立方体 ABCD-EFGH に球が内接しています.

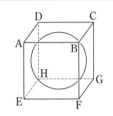

（1）　AB, BC, EF, FG の中点を通る平面でこの立体を切るとき、球の断面積を求めなさい.

（2）　3 点 A, F, C を通る平面でこの立体を切るとき、球の断面積を求めなさい.

解法（1）　面 AEFB, 面 BFGC と球との接点をそれぞれ P_1, P_2 とします.

すると AB, BC, EF, FG の中点をそれぞれ I, L, J, K としたときの長方形 IJKL の辺上に、P_1, P_2 はのっています.

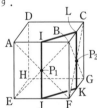

すなわち切断面の円は下図のように、ʻ長方形からはみ出すわけでもなくʼ、ʻ長方形の内部に埋もれるわけでもなくʼ、**ʻ長方形のたての辺に接していますʼ**.

立体図形

すると右図でもわかるように，その直径として P_1P_2 をとればいいのです．

$P_1P_2 /\!/ IL$ だから，

$$P_1P_2 = IL = \frac{1}{2}AC$$
$$= \frac{1}{2} \times 12\sqrt{2} = 6\sqrt{2}$$

求める面積は，$(3\sqrt{2})^2\pi = \mathbf{18\pi\ (cm^2)}$

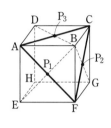

（2） さらに面 ABCD と球との接点を P_3 とします．

すると P_1，P_2，P_3 は，3点 A，F，C を結んだ正三角形 AFC の辺上にすべて載っています．

すなわち切断面の円は，**三角形の内接円になっている**ことがわかります．こちらもはみ出したり，埋もれたりしていません．

右図からもわかるように，円の中心 O_2 は正三角形の重心だから，

$$FO_2 : O_2P_3 = 2 : 1.$$

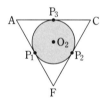

$$FP_3 = \frac{\sqrt{3}}{2}AC = \frac{\sqrt{3}}{2} \times 12\sqrt{2} = 6\sqrt{6}$$

すなわち半径 O_2P_3 は $6\sqrt{6} \times \frac{1}{3} = 2\sqrt{6}$ だから，求める面積は，$(2\sqrt{6})^2\pi = \mathbf{24\pi\ (cm^2)}$

球の中心と切断面の中心を結んで，相似や三平方を施す方法もありますが，慌ててこうする必要もなかったわけです．

じっくり冷静に読み解けば，思わぬヒントが問題文中に隠れていました．

もし，これらの事に気付かなくても，次のように，切断面の半径を導くことができます．

（1） 内接球の中心を O として，O と O_1 の両方を含む面 DHFB を抜き出します．

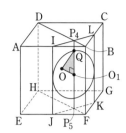

ここで，図の $\triangle OO_1Q$ で三平方の定理より，

$$O_1Q = 3\sqrt{2}$$

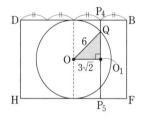

（2） 同じく O と O_2 の両方を含む面 DHFB を抜き出します．

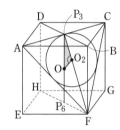

ここで，$\triangle P_3OO_2$ $\backsim \triangle P_3FP_6$ で，

$$P_3F = 6\sqrt{6}$$

だから，

$$O_2P_3$$
$$= 6 \times \frac{12}{6\sqrt{6}}$$
$$= 2\sqrt{6}$$

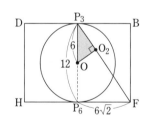

よく使う整数三角形を頭の隅へ留めておこう

■直角三角形

高校入試でよく使う直角三角形の辺比は，$3:4:5$，$5:12:13$，$8:15:17$などです．

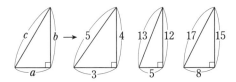

こうした中でも特徴的な，次のようなものがあります．何か気づくことはありますか？

I 型
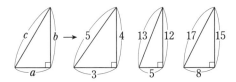

① $c-b=1$　② $b+c=a^2$　③ a は奇数
これらが目に留まります．

次はどうでしょうか．

II 型
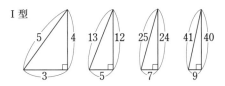

① $c-b=2$　② $b+c=\dfrac{1}{2}a^2$　③ a は偶数

I 型は斜辺と他の1辺の長さの差が1，II 型はそれが2の直角三角形群です．入試で好んで使われるものばかりです．

■整数三角形

続けてすべての辺の長さが整数である三角形を考えます．その中の代表として，下左図が有名です．この三角形は下右図のように垂線を下ろせば，△ACH と△ABH で三平方の定理を用いて立式すると，CH＝5 になります．

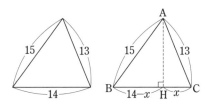

3辺の長さだけでなく，おまけに x も整数だから，使い勝手がよく，面積を絡めての問題などに度々登場します．

➡注　内接円や傍接円の問題によく出てくる．

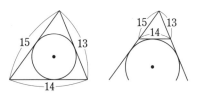

このタイプの中で，上記のように辺の長さが1ずつ増えるものを，いくつか紹介します．こちらも入試で必須です．

III 型
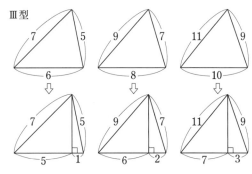

3つの辺の長さを短い方から並べたとき，真ん中の辺の長さだけが偶数で，これに垂線を下ろすとうまくいくようです．

さて上図の下段の三角形に注目し，垂線によって区切られた左右の三角形のうち，右にある方をクルッと裏返します．するとどうでしょう．

Ⅲ型

このようにすべての辺の長さが整数の三角形ができます．長さ4の辺の向きへ垂線を下ろせば，面積も求めやすいでしょう．

■頂角 120°の整数三角形

そして最後は，頂角 120°ですべての辺の長さが整数の三角形で，"アイゼンシュタインの三角形"と命名されています．入試で見かける三角形の1つなので，知っていて損はありません．

3辺を a，b，c とし，a と b が120°を挟むとし，右のように置きます．三平方の定理より，
$$a^2 + ab + b^2 = c^2$$
を得ます．

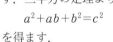

これを満たす小さな数はそう多くはありません．これが理由で入試では 3：5：7 に偏るのでしょう．

Ⅳ型

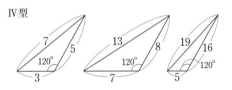

■頂角 60°の整数三角形

さて，アイゼンシュタインの三角形を利用することで，**頂角 60°**ですべての辺の長さが整数である三角形を作り出すことができます．

その前に次の性質に目を通してください．

下左図のように円に内接する正三角形 ABC と，円周上に点 D をとります．そこで下右図のように，△ADC ≡ △AEB となる △AEB を辺 AB にくっつけます．△ABC は正三角形だから AC と AB はぴったり重なります．

また ∠ACD＋∠ABD＝180°，
　　　∠ACD＝∠ABE
から，3点 D，B，E は一直線上です．それに ∠ADB＝∠AEB＝60°だから，△AED は正三角形です．

この正三角形の1辺の長さは，次のように表せます．

$$\boxed{AD = ED = EB + BD = DC + DB}$$

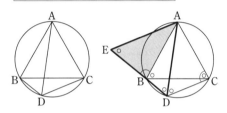

上図において，∠BDC＝120°から，△BDC にアイゼンシュタインの三角形をはめ込みます．

＜例1＞　3：5：7 の場合

　➡注　AD＝DC＋DB＝5＋3＝8

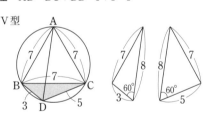

＜例2＞　7：8：13 の場合

　➡注　AD＝DC＋DB＝8＋7＝15

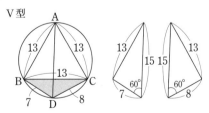

引き続き 5：16：19 だと，AD＝21 となって，5：19：21，16：19：21 が生まれます．

60°の三角形も豆知識としましょう．

コラム②

動点の軌跡が円になるのは？

今回は動点の軌跡に着目し，それが円になる例をここに集めました．入試問題でもよく見るパターンばかりです．

Ⅰ．見込む角が一定

固定された線分 AB があって，それを見込む∠APB が常に一定の場合です．

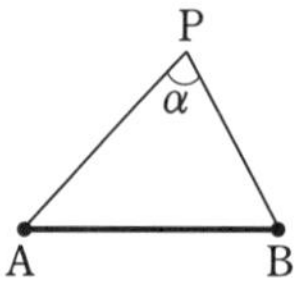

➡注　右図では∠APB＝α

このときの点 P は，【図1】のようになり，これをなぞると【図2】のような円になります．

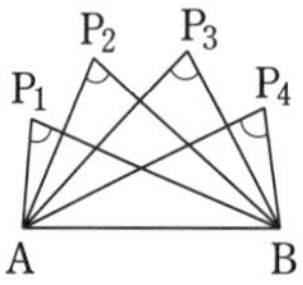

'同じ弧に対する円周角は等しい'という円周角の性質の正に逆を言っています．

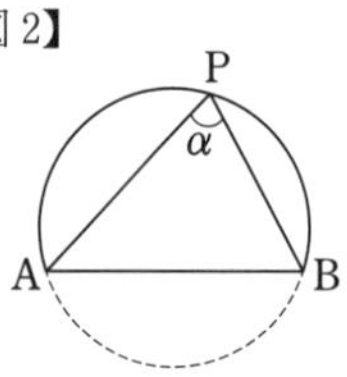

ただしこれはあくまで点 P が線分 AB の上側にある場合であって，下側まで考えれば，【図3】のような点 P の軌跡になります．

【図1】

【図2】

【図3】

これの最も出現しやすいケースは，見込む角が直角のときです．

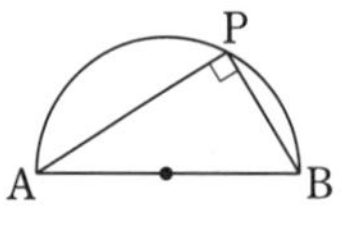

次にその具体例を紹介します．

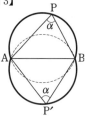

<例1>　右図で正方形 ABCD の辺 BC 上を動く動点 P がある．いま，線分 AP へ頂点 B から下ろした垂線の足を H とする．

このとき，点 H はどのように動くか？

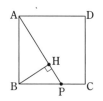

<答>　点 H の動きを書き足したのが【図4】で，どうやら円になりそうです．その理由は，辺 AB を見込む∠AHB が常に一定だからです．

➡注　ここでは90°です．

したがって【図5】のような四分円です．

【図4】
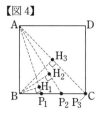

【図5】
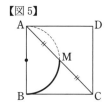

<例2>　右図の線分 AB 上を動く点 C があり，2つの正三角形 DAC，EBC を作る．このとき，点 P はどのように動くか？（ただし点 P，D，E は線分 AB について同じ側にあるものとする．）

<答>　予備知識として，

△ACE≡△DCB

です．

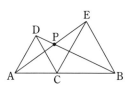

ここで△ACE の内角から，●＋○＝60°だから，△PAB に着目すれば，∠APB＝120°．つまり線分 AB を見込む∠APC は常に一定です．

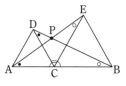

すなわち【図6】のようになります．

ちなみに，

∠AOB＝120°

になっています．

【図6】
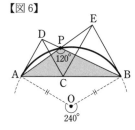

Ⅱ．長さが一定

Ⅰでは変わらぬ角度でしたが，ここでは変わらぬ長さを見抜くものを集めました．

＜例3＞　右図のABを直径とする半円上に，

$$\angle BAC = \angle DAC$$

となるように2点C，Dをとる．点Dが半円周上を動くとき，点Pはどのように動くか？
（ただし点Pは，BCとADの延長の交点．）

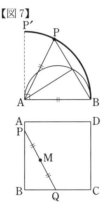

＜答＞　△BACと△PACは，
$\angle ACB = \angle ACP = 90°$，$\angle BAC = \angle PAC$，
AC共通から，△BAC≡△PAC

このことにより，AB＝APだから，点Pは，点Aからの長さが常に一定である．

よって，点Aを中心とする円を描けばよい．

ここから【図7】のような四分円になります．

【図7】

＜例4＞　右図で正方形ABCDのとなり合う辺に2点P，Qがあり，線分PQの長さは正方形の一辺と等しい．2点P，Qが正方形のとなり合う辺上を動くとき，線分PQの中点Mはどのように動くか？

＜答＞　中点Mだけを追っていっても，なかなか難しい設問です．

そこでこちらにも予備知識が必要です．

直角三角形において，ビギナーズ11にあったように，【図8】のような長さになります．

【図8】

もし点P，Qがそれぞれ辺AB，BC上にあるとすれば，【図8】を利用し

$$BM = \frac{1}{2}PQ = \frac{1}{2}AB$$

となります．すなわち

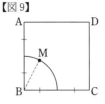
【図9】

【図9】のように，点Mは点Bからの長さが一定だから四分円を描きます．

このことから，2点P，Qを各辺へ持っていくと，動きうる範囲は，右図のようになります．

➡注　PQが正方形の1辺より短いと，Mが動くのは左図となる．

Ⅲ．相似になる

最後は動点が円周上が動く場合です．求める点もそれに引きずられて円？

＜例5＞　ⅰ）円外に固定された点Aがあり，また点Pは円周上を動く点とする．このとき，線分APの中点Mはどのように動くか？

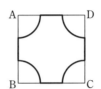
ⅰ）

ⅱ）円周上に固定された点Aがあって，またこの円周上を動く点Pがある．このとき，線分APの中点Mはどのように動くか？

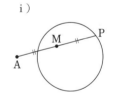
ⅱ）

＜答＞　ⅰ），ⅱ）共に，点Aを中心とする相似形となります．下図にもあるように，

$$AM:AP = 1:2$$

となります．

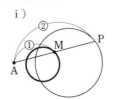
ⅰ）

ⅱ）

➡注　太線の円の大きさは，もとの円の半分．

コラム③

正多面体にできる角度を調べよう

　正多面体の辺や面が織り成す角度について考えてみます.

　正多面体は'すべての面が合同な正多角形'で,'1つの頂点に集まる面の数がどこでも同じ'へこみのない多面体のことでした. これには, 正四面体・正六面体(立方体)・正八面体・正十二面体・正二十面体の5つしか無い事が知られています(☞注). そこで1つの頂点に集まる面の数によって分類すれば, 次のようになります.

Ⅰ. 3枚の場合

正四面体(正三角形)

立方体(正方形)

正十二面体
(正五角形)

Ⅱ. 4枚の場合

正八面体(正三角形)

Ⅲ. 5枚の場合

正二十面体(正三角形)

　➡注　（1つの頂点に集まる面の数）
　　　×(正多角形の1つの内角の大きさ)＜360°
で示せます.

　さてここでは正多面体の, あるいくつかの頂点を結ぶことで, 立体の内部に隠された角度をあぶりだしていきます. このことは正多面体の属性を見抜く上での1つの手段といえます.
それには対称性を駆使し'切断面'を突破口と

しなければなりません（各図の色を付けた面）.
　ではさっそくやってみましょう.

　問題 1.　右の立方体で, 図に印をつけた角度を求めよ.

　解法　図のように結ぶと, 色の付いた図形, 正三角形(☞注)ができます.
　よって, 求める角度は**60°**です.

　➡注　1つの頂点に3つの合同な面が集まっているから.

　問題 2.　右の正八面体で, 図に印をつけた角度を求めよ.

　解法　3つの●印の点は, ○印の点からすべて等距離です. そこで他にこれらと等距離である頂点を探せば, 点線で結ばれた●印がそうです.

　この4点を結べば, 対称性より正方形(☞注)だから, 求める角度は**90°**です.

　➡注　1つの頂点に4つの合同な面が集まっているから.

　問題 3.　下の正十二面体で, 図に印をつけた角度を求めよ.
（1）　　　　　　（2）

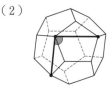

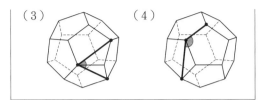

（３）　　　　　　（４）

解法　（１）　図のように
結ぶと，色をつけた面を
拡大したものであること
がわかり，正五角形です.

　よって，**108°** です.

（２）　●印の点は○印の点からすべて等距離に
あり，また点線の矢印で引かれた頂点も同様で
す.

　そこでこれら４点を結べば対称性より正方形
といえ，すなわち **90°** です.

（３）　与えられた３点を
結べば正三角形（☞注）で
す.　よって **60°** です.

　➡**注**　１つの頂点に３つ
の合同な面が集まってい
るから.

（４）　○印の点から等距
離である頂点は他に，点
線の矢印で引いた３つが
あり，これらを結べば六
角形となります.

　またこうしてできた六角形の辺はひとつおき
に，（２）でできた正三角形の辺と平行で，かつ
これらの長さは等しいことがわかります.　さら
に残った３辺の組も，合
同な正五角形の対角線で
あるから長さは等しく，
すなわち○印の頂点を上
にしてこの多面体を覗き
込めば対称性が見てとれ
ます.

すなわち六角形のす
べての内角の大きさは
等しく **120°** となります.

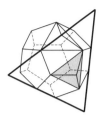

　➡**注**　１つおきに選ん
だ辺を延長すれば，
（３）を拡大した正三角
形が現れます.

問題 4.　下の正二十面体で，図に印をつ
けた角度を求めよ.

（１）　　　　　　（２）

解法　（１）　○印の点か
ら等距離である頂点は，
点線で引いたように他に
２つあります.

　これら５点を結べば正
五角形（☞注）だから，
108° です.

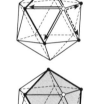

　➡**注**　１つの頂点に５つ
の合同な面が集まってい
るから.

（２）

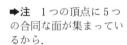

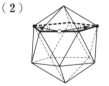

　○印の点と等距離である
もう１つの頂点がありま
す.（上図，右図）

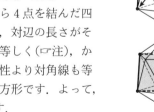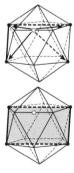

　これら４点を結んだ四
角形は，対辺の長さがそ
れぞれ等しく（☞注），か
つ対称性より対角線も等
しく長方形です.　よって，
90° です.

　➡**注**　一方の組は合同な正三角形の辺，もう一方
は中にできる合同な正五角形の対角線です.

　➡**注**　できる長方形の対角線は正二十面体の中心
を通ります.

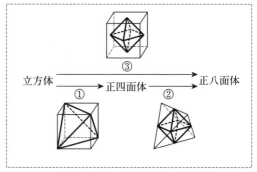

立方体 ──③──→ 正八面体
立方体 ──①──→ 正四面体 ──②──→ 正八面体

コラム④

四, 六, 八はつながってる

正四面体, 正六面体（立方体）, 正八面体の3種類の正多面体は, 入れ子のような関係にあります.

＜操作①＞

立方体 A の<u>頂点を一つおきに結びます</u>. その中には正四面体 B が現れます.

こうして'立方体'から'正四面体'が生まれます.

立方体 A と正四面体 B

＜操作②＞

正四面体 B の<u>となり合う辺の中点を結びます</u>. その中に正八面体 C が現れます.

こうして'正四面体'から'正八面体'が生まれます.

正四面体 B と正八面体 C

操作①と②によって, '立方体 A' '正四面体 B' '正八面体 C' の3種類の正多面体が右図のように一緒になっています.

立方体 A と正四面体 B と正八面体 C

＜操作③＞

立方体 A の<u>となり合う面の中心を結ぶ</u>と正八面体 C です.

こうして'立方体'から'正八面体'を生み出すこともできます.

立方体 A と正八面体 C

さて, このような操作でできた, 立方体 A, 正四面体 B, 正八面体 C の1辺の長さを比べましょう.

立方体 A の1辺を a とし, 真上から眺めた図で考えます. すると正四面体 B の1辺は, 立方体 A の対角線だから $\sqrt{2}a$. 正八面体 C の1辺は, 正四面体 B の1辺の半分だから $\frac{\sqrt{2}}{2}a$ となります.

1辺の長さ $A:B:C=1:\sqrt{2}:\dfrac{\sqrt{2}}{2}$

さらに, それぞれの体積を比較すると,

A$\cdots a\times a\times a = a^3$

B$\cdots \dfrac{\sqrt{2}}{12}\times\sqrt{2}a\times\sqrt{2}a\times\sqrt{2}a = \dfrac{1}{3}a^3$

C$\cdots \dfrac{\sqrt{2}}{2}a\times\dfrac{\sqrt{2}}{2}a\times a\times\dfrac{1}{3} = \dfrac{1}{6}a^3$

体積 $A:B:C=1:\dfrac{1}{3}:\dfrac{1}{6}$

続いて別の方法も紹介します.

＜操作④＞

正八面体 D の<u>となり合う面の中心（重心）を結び</u>ます. その中には立方体 E が現れます.

こうして'正八面体'から'立方体'が生まれます.

正八面体 D と立方体 E

コラム

引き続き＜操作①＞を行うことで，立方体E から正四面体Fが現れ，'正八面体D''立方体E''正四面体F'の3種類が揃います．

正八面体Dと立方体E と正四面体F

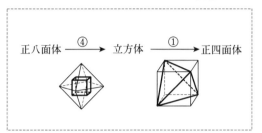

正八面体 —④→ 立方体 —①→ 正四面体

ここで正八面体Dの1辺の長さをdとして，比較します．先ほどと同様に真上から眺めます．

先に正四面体Fの1辺は$\frac{2}{3}d$で，これと立方体Eの1辺を比べることで$\frac{\sqrt{2}}{3}d$．

1辺の長さ　$D : E : F = 1 : \frac{\sqrt{2}}{3} : \frac{2}{3}$

体積の比較は，

$$D \cdots d \times d \times \sqrt{2}\,d \times \frac{1}{3} = \frac{\sqrt{2}}{3}d^3$$

$$E \cdots \frac{\sqrt{2}}{3}d \times \frac{\sqrt{2}}{3}d \times \frac{\sqrt{2}}{3}d = \frac{2\sqrt{2}}{27}d^3$$

$$F \cdots \frac{\sqrt{2}}{12} \times \frac{2}{3}d \times \frac{2}{3}d \times \frac{2}{3}d = \frac{2\sqrt{2}}{81}d^3$$

体積　$D : E : F = 1 : \frac{2}{9} : \frac{2}{27}$

また'正八面体'の中に'立方体'を作る方法として，他に次のようなものもあります．

＜操作⑤＞

右図のように正八面体Gの<u>となり合う辺上にとった点を結び立方体H</u>を作ります．

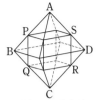

正八面体Gと立方体H

できあがった立方体で＜操作①＞を続ければ，'正八面体''立方体''正四面体'を作ることができます．

さて正八面体の面ABCDを抜き出せばこれは正方形です．

上の見取り図から，この正方形の辺上に点P，Q，R，Sがあって，立方体Hの1辺をhとすると，PQ$=h$，PS$=\sqrt{2}\,h$

色をつけた三角形は，共に直角二等辺三角形だから，AP$=h$，PB$=\frac{\sqrt{2}}{2}h$です．

つまりAP：PB$=\sqrt{2}:1$．正八面体Gと立方体Hの1辺の比は，$(\sqrt{2}+1):1$です．

ところで＜操作②＞では，正四面体の辺の中点を結んで正八面体を作りました．

そこで頂点Aから△BCDへ垂線AKを下ろします．

これと△EFGとの交点をLとすると，三角すいL-HIJは，三角すいA-EFGと合同な正四面体です．

➡**注**　点Kは△BCDの重心だから，点Lも△EFGの重心

このことからわかるのは，<u>正八面体EFGHIJの中に，1辺の長さが等しい正四面体LHIJができる</u>＜操作⑥＞ということです

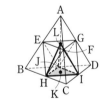

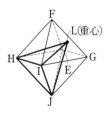

あとがき

　数学は思考力が大事とされます．ただそれを縦横無尽に使いこなせるのは，前提となる知識があってこそです．

　知識の習得は容易ではありませんが，本書でそれが無理なく得られると確信しています．

　数学をあきらめることなく辛抱強く，本書がボロボロになるまで活用してください．

　最終的には，必要な部分だけを取り出して，"自分だけのまとめノート"を作り上げることです．このノートは受験会場でもお守りがわりになるはずです．

　中学生の今しか育たない能力があり，高校受験の問題にはそのエキスがたっぷり詰まっています．すべての中学生に是非解いてもらいたい一冊です．

（谷津綱一）

高校への数学

入試を勝ち抜く数学ワザ
・ビギナーズ52［改訂版］

2021 年 12 月 10 日　第 1 刷発行

著　者　谷津綱一

発行者　黒木美左雄

発行所　株式会社　**東京出版**

　　　　〒150-0012　東京都渋谷区広尾 3-12-7

　　　　電話 03-3407-3387　振替 00160-7-5286

　　　　https://www.tokyo-s.jp/

整 版 所　錦美堂整版

印刷・製本　技秀堂

　落丁・乱丁の場合は，ご連絡ください．
　送料弊社負担にてお取り替えいたします．

Ⓒ Koichi Yatsu 2021 Printed in Japan
ISBN 978-4-88742-259-9